Erneuerbare
Energien

Zum Verstehen Und Mitreden

# 未来能源

## 我们能做些什么

[德] 克里斯蒂安·霍勒（Christian Holler）

[德] 约阿希姆·高克尔（Joachim Gaukel）

[德] 哈拉尔德·莱施（Harald Lesch）

[德] 弗洛里安·莱施（Florian Lesch）著

周婷 译

U0180227

北京联合出版公司
Beijing United Publishing Co.,Ltd.

Erneuerbare
Energien
Zum Verstehen Und Mitreden

# 未来能源

## 我们能做些什么

[德] 克里斯蒂安·霍勒（Christian Holler）
[德] 约阿希姆·高克尔（Joachim Gaukel）
[德] 哈拉尔德·莱施（Harald Lesch）
[德] 弗洛里安·莱施（Florian Lesch）著

周婷 译

北京联合出版公司
Beijing United Publishing Co.,Ltd.

**图书在版编目（CIP）数据**

未来能源：我们能做些什么 / (德) 克里斯蒂安·
霍勒等著；周婷译. -- 北京：北京联合出版公司，
2023.2
ISBN 978-7-5596-6542-3

Ⅰ.①未… Ⅱ.①克… ②周… Ⅲ.①能源—通俗读
物 Ⅳ.①TK01-49

中国版本图书馆CIP数据核字(2022)第233548号

Original title: ERNEUERBARE ENERGIEN ZUM VERSTEHEN UND MITREDEN
by Christian Holler, Joachim Gaukel, Harald Lesch and Florian Lesch
Cover and illustrations by Charlotte Kelschenbach
© 2021 by C. Bertelsmann
a division of Penguin Random House Verlagsgruppe GmbH, München, Germany.

**未来能源：我们能做些什么**

作　　者：[德] 克里斯蒂安·霍勒
　　　　　[德] 约阿希姆·高克尔
　　　　　[德] 哈拉尔德·莱施
　　　　　[德] 弗洛里安·莱施
译　　者：周　婷
出 品 人：赵红仕
责任编辑：夏应鹏
封面设计：张志凯

北京联合出版公司出版
（北京市西城区德外大街83号楼9层　100088）
北京联合天畅文化传播公司发行
北京美图印务有限公司印刷　新华书店经销
字数175千字　880毫米×1230毫米　1/32　5.5印张
2023年2月第1版　2023年2月第1次印刷
ISBN 978-7-5596-6542-3
定价：50.00元

**版权所有，侵权必究**
未经许可，不得以任何方式复制或抄袭本书部分或全部内容
本书若有质量问题，请与本公司图书销售中心联系调换。电话：（010）64258472-800

谨以此书献给那些关注能量的小伙伴们

# 目录

# 前言

时代的变化真是大啊！过去，我们只知道插座里有电，这电到底是从哪儿来的，我们压根没关心过。要是真有那么一瞬间想过这个问题，我们也只会想："有专业的人会操心这事，犯不着我来操心！"专业的人指的就是那些有着大型发电厂的大型能源公司，曾经是，现在也是。如果说我们曾经注意到过电力生产，那应该就是发电厂烟雾缭绕的巨大白色烟囱了，当然还有大大小小的架空输电线路。但是，现在在乡村和城市已经有很长时间看不到这些了。一切都埋在地下，看不见了。我们现在在利用电缆供电。就像天然气流经管道、污水通过地下管道一样，电能也是通过地下电缆输送来到我们身边的。一条电缆对接着房屋，像蠕虫一样分布在大电箱中，为同一屋檐下的所有家庭供电。我们所需要的一切基础能源和原料都是在无形中输送的，而随之所产生的废料也同样消失于无形。

然而，这样的时代已经快要过去了！虽然还没有完全过去，但我们都必须尽快结束这种滥用能源和原料的局面。我们的星球正在通过无数现象向我们发出警报，我们的生存正在受到威胁。我们已经把这个星球变成了一个海陆空的垃圾场。现在，我们自食恶果。历时数百万年所形成的化石能源通过煤、石油和天然气给我们提供了温暖，并且让我们能够开展各种活动，但它们也改变了大气，使地球不断变暖。这正是大自然做出的反应，以一种非常自然的方式：冰川在萎缩、永久冻土在融化、海平面在上升、海洋在酸化、干旱时间越来越长、降雨越来越多、天气变得越来越极端、平均气温不断上升。另外，导致全球变暖的温室气体的浓度还在不断增加，更糟糕的是：触发了这个变化的是我们人类！

我们的解决方案只能是：摆脱所有排碳的东西。不再燃烧煤、石油和天然气，而是使用可再生能源。但是，太阳能和风能会成为我们未来的电力制造者吗？还是有其他选择？生产可再生能源需要多少土地？穿越德国的旅程在未来是否会变成穿越大型风力发电站、大型光伏发电设备和太阳能设备的旅程？在这些太阳能收集装置的运作下，即使在炎热的夏天，也会给农业带来高产量？还是说，能源转型完全是另一回事？

　　无论以上哪个愿景成为现实，都绝对需要所有人的帮助和支持！转向可再生能源的能源转型及其对气候保护的积极影响关乎我们的子孙后代，现在正是关键时刻。我们没有时间可以浪费，现在必须做出正确的、引领潮流的决定。但是，为了让所有人都参与其中，我们有必要让每个人都知道这个变化是关于什么的。在不做出虚假承诺的情况下，通过清晰的物理论证，我们会解释可再生能源能做什么和不能做什么。为防止言语解释不清楚，我们会利用图表做进一步的说明。

　　祝阅读愉快！加入我们吧！

# 能量！

你正在消耗能量！正是现在！哪怕你没有做任何事情，你的身体每天都要消耗2000卡路里（cal）的能量，而这仅仅是用来维持你的生命。如果你想看这本书，你会消耗更多的能量，如果你即刻上网搜索这些说法是否属实，你在全球服务器上的搜索也会消耗更多的能量。这些能量具体有多少，你可以在网上找到答案，正如我所说，这将再次消耗能量。

# 能量就是生命

宇宙中发生的一切都需要能量。整个宇宙是能量的游乐场。没有了能量，就没有运动，没有辐射，没有思想，什么都没有，能量是一切的开始。对我们人类而言尤其如此，因为我们是能量消耗者。

通过我们自己对生命的定义，可以看出能量对我们来说是多么基本的东西。我们所说的"活着"是指生物与自然环境一起代谢，用以维持自身、其身体及其功能的状态。生物与环境交换空气、水和养分。在这个过程中，生物就像是一台"连续工作的加热器"，因为它利用原子和分子的结合所包含的能量来维持生命并排放废料，生物就是这样活着的。而我们所说的"死亡"是指已经停止按照这种模式来交换能量的状态，然后死亡的生物像枯萎的花束一样分解成自身的组成部分。生命是流动的能量，其他一切物质都是没有生命的。

然而，不仅自然循环需要大量的能量，全球经济循环的各种庞杂的活动也需要巨大的能量支撑。我们的轮船、飞机和汽车，我们的机器运作、农业生产、家居生活、电子产品的使用……一切都需要能量才能运行。为了满足这些需求，我们主要使用地球上历时数百万年形成的能源储备——煤、石油和天然气——来改变我们的星球。

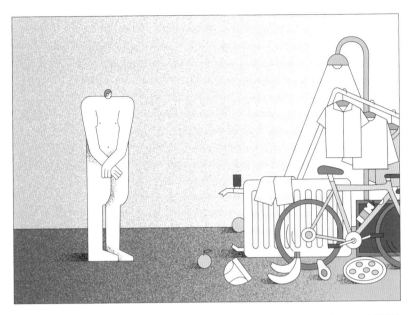

没有能量，我们不仅会失去生活中大部分的舒适感，比如晚上在看电视时有热比萨吃，还有假期旅行；还会失去生活中最基本的东西，诸如汽车和有暖气的客厅。

## 我们的生活水平取决于能量

难道我们不能简单地放弃使用大部分能量，从而将这个世界从气候危机中解救出来吗？

请想一想：如果没有能量，你的日常生活还会剩下什么？交通方面，很明显我们想要开车、坐飞机、出国旅行肯定是不可能了。但即使是使用自行车也包含所谓的"灰色能量"，因为生产钢和碳需要能量，制作橡胶需要能量，把自行车运到店铺等都需要能量。

那我们的饮食呢？冬天的番茄、牛油果、杧果、香蕉甚至橙子，在德国的纬度上都是没有的。冷冻比萨基本成为不可能。肉也会成为周日才会出现的例外。

电视、电脑和手机呢？没有！这里消耗的大量能量不是因为使用它们，而是因为生产这些电器。在冬天，有流动温水的供暖房屋同样需要消耗大量能量。我们的现代医学因其药物和手术技术，也依赖于能量。有时候我们还会在不同场合穿不同的新衣服。没有能量，我们几乎一无所有！

但我们现在衡量生活品质的标准是旅行的质量，有无房子和车子，分别有多少，健康与否、生活舒适度和存款数，这些反映了我们可以购买到的消费品数量和服务质量，无论我们承认与否，我们的生活水平都取决于能量。

## 我们怎么会变得如此依赖能量

如果不开发新能源，人类文明的发展是无法想象的。猎人和采集者还是从环境中满足了他们的能源需求，没有在很大程度上破坏自然生态。但是，即使是最早高度发达的农业文明，也控制了某些形式的能量，例如水能或风能，并且大力发挥了生物质能的作用，用以制作人类和牲畜的食物，以及用于烹饪和取暖的木材。

在大约200年前的工业化过程中，随着机器的投入使用，人们开始大力推广和使用全新的能源：我们动用了地球上的能源储存。煤、石油和天然气从地里被开采出来，这些原料的能量密度特别高，甚至可以通过提炼厂的复杂工艺进一步浓缩。例如，这些原料可以使飞机从地面起飞，使汽车速度更快。同时，它们还可以转化为电能，这是我们所知道的最高形式的能量，因为它可以长距离分布，并且几乎可以用于任何事情。

正是这种电流，让我们可以使用电脑、冰箱、空调、智能手机、平板电脑和电视机。相比之下，一万年前的猎人没有这些能源装备，只能步行。即便是在19世纪，大多数人出门仍然靠步行，也没有定位系统。但是现在，随着越来越多的人享受着现代的、能源密集型的生活方式，能源消耗也在不断增加，而我们就是罪魁祸首。

## 我们有必要讨论一下能量

虽然我们很少关注能量，但它确实主导着我们的现代生活方式。在本书中，我们正是要讨论能量这个话题。同时，我们还要思考这样一个问题：在未来，我们希望如何满足我们的能源需求。我们有哪些选择？哪些是暂时的，哪些是可持续的？哪些是有意义的，哪些意义不大？哪些能真正满足我们巨大的能源需求？或许根本就没有能够持续满足我们人类生活的能源，等到能源枯竭的时候，我们所有人都得改变自己的生活吗？

# 了解能量

　　首先，让我们一起来具象化地感受一下能量吧。想象一下，此刻你正在骑一辆自行车，你使出吃奶的力气蹬着车。假设这是一辆经过特殊处理的自行车，它可以将你使出的力气全部转化成电能，像是一台能够发电的家用健身器材。那么，一天下来，你能用它生产多少能量呢？够你烤个面包吗？还是能让一个灯泡亮上一整天呢？

## 为民众服务的自行车手

　　自行车手可是我们这本书的主角，之后的章节里我们会反复提到他们，感受他们所生产的能量。他们每天得在自行车上运动 10 小时（h），这可比我们工作日的完整工作时长还要久，而且全年无休。他们唯一的任务就是这样生产能量，每天 10 小时，日复一日。

这名自行车手一天能生产多少能量呢？我们希望通过一名自行车手让我们的能量具象化。

## 一名自行车手一天到底能生产多少能量

接下来出场的是本书最重要的一个数值：10 个小时产生 1 千瓦时的能量。这意味着 1 名自行车手每天能生产 1 千瓦时的能量，因此，如果全年无休的话，他每年能生产 365 千瓦时的能量。如果你对这个能量的大小还是没有概念，请不要担心，你很快就能搞明白的。千瓦时（kWh）是便于我们度量能量的基本单位。

现在也许有人会说："我知道千瓦时！我们家电费和燃气费的账单上就有，1 千瓦时就是 1 度电嘛！"没错，咱们每家每户消耗的电和燃气就是按照千瓦时来计量的。1 千瓦时的电费大约是 30 欧分（cent）[①]，1 千瓦时的燃气费大约是 5 欧分。如果我们将 1 千瓦时的能源折算成汽油，最终的结果是 100 毫升（mL）。考虑到 10 小时艰苦的体力劳动才换来这么点汽油，这个量可真是少得可怜啊。所以我们的自行车手还真是干得多、挣得少，但是精力还相当充沛啊！

我们希望通过这样的描述解释清楚其中的数量规则：一名自行车手骑 10 小时自行车，可以产生 1 千瓦时的能量。换算成电，这大约需要 30 欧分。同等数量的能量如果包含在 100 毫升汽油当中，以每升（L）1.50 欧元的价格计算，100 毫升就是 0.15 欧元，那么相当于每千瓦时是 15 欧分。

## 1 千瓦时都能用来做些什么

1 千瓦时可以用来做什么，可以用 60 摄氏度（℃）的水洗一堆衣服或者做一顿饭。然而，1 千瓦时只够你洗 3 分钟（min）热水澡，或者在市内开着你的电动汽车行驶 6 千米（km）——这对于 10 小时的骑行来说是相当少的。如果你开的是燃油汽车的话，1 千瓦时，即 100 毫升汽油，只能行驶 1 ~ 2 千米。1 千瓦时还可以用来烤大约 1 个小时面包，让一

---

① 按当前汇率，1 欧分=0.01 欧元 ≈ 0.07 元，1 欧元 ≈ 7 元，此后不再做说明。

个 100 瓦（W）的灯泡亮 10 个小时，或者让一个同样亮度的 LED 灯发亮 60 个小时。所以，使用 1 千瓦时可以很方便地计算能量的数量。

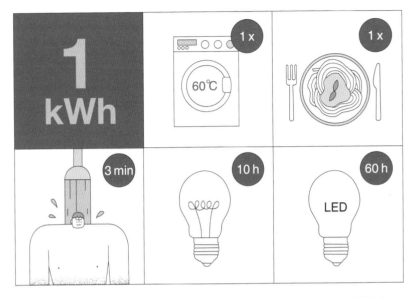

1 千瓦时能做什么呢？普通家庭在日常生活中的许多事情都会用 1 千瓦时来衡量能量的多少。

### 我们要如何在本书中使用千瓦时

为了便于比较不同类型的能量生产，或是把它们与我们的能源消耗进行比较，我们必须将所有的结果换算成相同的单位。并且，举例的数值必须是我们能够想象的。我们就以整个德国的能源消耗或是德国所有的风力发电站一年的能量生产为例。为了能够更好地对如此巨大的能量进行分类和比较，我们需要化繁为简。为此，我们将这些能量平均分配给德国的所有居民（约 8000 万人），并且分配到一年当中的每一天。这意味着，我们把一切能量都换算成**每人每天的千瓦时**。

在书中你会发现不同的自行车手，他们代表的是我们不同
的能量来源和能源消耗。但是所有的自行车手都是一样的
精力充沛，每人每天生产 1 千瓦时的能量。

　　举个例子：2020 年德国所有风力发电站的发电量换算成上述单位就
是每人每天 4.5 千瓦时。相比之下，2020 年德国的用电总量（包括工业
用电）约为每人每天 17 千瓦时，几乎是发电量的 4 倍，这意味着我们所
消耗的电力只有 1/4 是来自于风力发电。并且，这其中还有一个重要的
问题：电力消耗与我们的总能源消耗并不相同，因为我们的大部分能源
消耗根本不是以电力的形式，而是直接使用化石燃料。这一点我们在后
面还会谈到。

　　为了让你更好地理解这一切，我们现在就可以将单位与自行车手联
系起来：如果你发现自己每天用电 1 千瓦时或一年用电 365 千瓦时，那
么每天就需要 1 名自行车手为你服务，并且只为你服务——或者你自己
每天骑 10 小时自行车。如果你一天消耗 100 千瓦时的能量，或者每年消
耗 36500 千瓦时的能量，那么每天就需要 100 名自行车手为你骑车——
这种情况下只靠自己肯定做不到。

你可以试着思考一下：如果我们把德国的总能源消耗（不仅是电力，还包括汽油、取暖油等）平均分配到我们所有人身上——那么每个人分配到的自行车手是 20 名还是 100 名又或者是 1000 名？在下一章，你会找到答案。

顺便说一句，我们将慷慨地对所有数字四舍五入，因为不管是 98 名还是 100 名自行车手，对于我们的估算影响并不大。但是到底是 20 名还是 100 名，这就得弄清楚了。

我们还将通过我们的自行车手来比较不同能源的效率，比如光伏与生物质能。为此，我们会考虑多少平方米（m²）的光伏设备所发的电与 1 名自行车手所产生的能量一样，即每天 1 千瓦时或每年 365 千瓦时，并将其与能源作物生长所需的耕地面积进行比较。结果是：我们需要至少 100 平方米的耕地才能获得等量的能源。所以，我们的自行车手是本书的主角，有了他们，我们就能够具体地理解能量的数量。

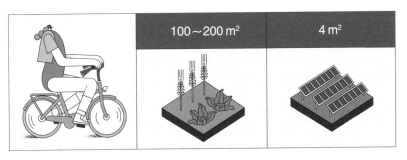

平均而言，4 平方米的户外光伏设备所产生的能量与我们 1 名自行车手生产的一样多，即每天 1 千瓦时或每年 365 千瓦时。就生物质而言，我们需要至少 100 平方米的耕地来种植能源作物，才能在 1 年后以生物质的形式获得等量的能源，即 365 千瓦时。

顺便说一句，时间在这里并没有什么影响，因为我们所讨论的所有情况都必须是在相同的时间段内发生的：4 平方米的户外光伏设备平均 1 天产生的能量与 1 名自行车手 1 天产生的能量一样多，而 10 年内产生的能量也同样与一名自行车手 10 年内产生的能量一样多。

# 以燃煤电厂或核电站作为比较对象

当然，我们也希望比较所有发电厂的生产能力，例如一个大型风力发电站当前的能量生产与一个核电站进行对比。由于一个核电站或一个典型的燃煤电厂的生产能力相当于 1000 万名自行车手同时踩踏板，也就是 1000 兆瓦（MW）[①] 或 130 万马力（PS），这样，自行车手的人数就变得异常庞大且不方便大家理解。所以，在这里我们不用自行车手，而是直接以燃煤电厂或核电站作为比较对象。

举个例子：在夏天一个阳光明媚的日子里，目前安装在德国各地的光伏发电设备在正午提供的电力相当于 40 座燃煤电厂——这一比较很具有启发性。但有一点也很重要：光伏发电在早上和晚上的发电量自然比中午要少得多，夜里更是什么也没有。这就是为什么光伏发电一年的平均发电量不及 40 座全天候运行的燃煤电厂，而只有 7 座燃煤电厂的发电量。因此，光伏发电可以等同于多达 40 座燃煤电厂或核电站的能量，并不是全天候的，它非常受天气的影响，只有在天气晴朗的夏季中午才能达到。

现在我们开始对能量进行分类和比较，先谈谈我们的能源消耗，然后再讨论可再生能源。

---

① 兆瓦：本义表示一种功率的单位，常用来指发电机组在额定情况下单位时间内能发出来的电量。兆瓦又可以理解为是每小时发电量1兆瓦时，或每小时发电量1000千瓦时。

# 能源消耗

能源转型其实就是有些东西发生了变化。要理解一个变化，应该看看它的目标和起点。因此，我们必须首先了解我们如今消耗了多少能源，以及到目前为止这些能源是从哪儿来的。了解这些之后，我们希望在下面的章节中进行如下的思想实验：

# 我们能否只靠可再生能源来满足当前的能源需求

你怎么看？你认为这可行吗？你觉得很容易实现吗？还是觉得完全不可能？为了探究这个问题，我们打算在一张对照表中比较能源消耗和能源生产。

我们的能源对照表：左边是当前的能源消耗，单位为千瓦时每人每天，右边是我们想在本书中评估的可再生能源的生产潜力。每千瓦时对应一名自行车手，右边的柱子会有多高呢？

　　在能源对照表的左边，我们看到的是现今德国所有居民的平均能源消耗，稍后我们将讨论柱子的高度，以每人每天的千瓦时表示。几乎每个居民都有相同数量的自行车手为其服务，他们日复一日地为居民提供能量。当然必须说明在现实生活中，生产电的是我们的发电厂，而不是自行车手。此外，我们还从用于车辆和飞机等交通工具的汽油、柴油或煤油等燃料中获取能量，也从石油和天然气中获取能量，用于供暖。

　　在右边，我们会在您阅读本书的过程中逐步搭建一根柱子，它代表了可能会在德国生产的可再生能源。我们将探索可持续能源生产的所有可能性，届时右边柱子的高度就会随之上升，我们会在每章最后更新它的高度。大家可以猜一下，右边的柱子会比左边的高吗？如果答案是肯定的，这意味着我们可以轻松地通过可再生能源来满足我们的能源需求。要是右边的柱子不及左边的呢？那么我们将来如果依然只想使用气候中和 [①] 能源，就不得不考虑其他替代方案。你认为结果会是怎样的呢？

# 德国的能源消耗

　　正如前面所说：为了进行实验，我们首先要了解德国现今的能源消耗有多少。为此，我们必须弄清楚这里所说的能源消耗到底是什么。

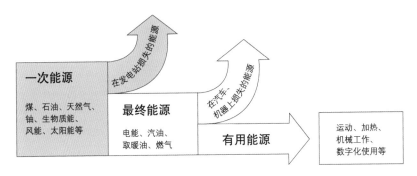

能源消耗并不等同于能源消费。在这种情况下，区分一次能源、最终能源和有用能源就显得非常重要。

---

① 气候中和是指一个企业或组织的活动对气候系统没有产生净影响。在气候中和的定义中，除了尽可能实现各种温室气体的净零排放，还必须考虑区域或局部的地球物理效应，例如来自飞机凝结痕迹的辐射效应等。

所谓的**一次能源消耗**是指我们维持国家运转所需的所有能源载体和来源的能源总量。发电厂利用煤、石油、天然气或铀来发电，同时也使用风能、太阳能和生物质能。在交通领域，我们利用汽油、柴油和煤油，这些都是从炼油厂的原油中提取出来的。对于加热，我们使用取暖油，它也是从炼油厂的原油中提取的。如果我们将所有原材料和能源的能量含量相加，我们得出的一次能源消耗为每人每天 120 千瓦时，即每个德国居民需要 120 名自行车手。这是多还是少呢？我们之后会感受到的。

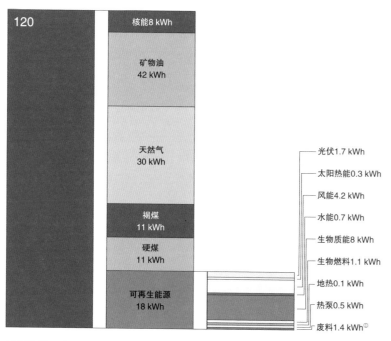

目前德国每人每天 120 千瓦时的一次能源需求是
如何满足的呢？

---

① 插图中的数据均为概数。

在我们每个人平均每天使用的这 120 千瓦时能量里面，超过 100 千瓦时（85%）来自化石燃料（其中还有一些来自核能），18 千瓦时（15%）来自可再生能源，其中光伏和风能只占 5%，这相当令人震惊，毕竟我们经常看到关于这些可再生能源的演讲，内容都非常鼓舞人心。另外，只有大约 1/3 的一次能源可以用于发电，其余的都被我们直接消耗掉了，主要是通过供暖时的燃烧和车辆油耗，而在这里可再生能源所占的份额仍然很小。这也就解释了为什么可再生能源在电力生产中的份额最近一直在 50% 左右，但它们在一次能源需求总量中的份额仅为 15%。所以，我们要注意分辨：别人到底是在谈论"能源生产"还是"电力生产"？这两者区别很大。

与一次能源需求相比，**最终能源需求**是指到达最终用户的能源，就是说日常生活用电或者工业用电，比如我们在加油站给汽车加的汽油，利用太阳能从屋顶获得的热量，从远程供暖系统购买的热量，或者以石油、天然气或燃料芯块的形式购买的热量。德国每人每天的最终能源需求是 85 千瓦时。为什么低于一次能源需求呢？主要是因为大量能量会在发电厂损耗掉，比如将煤转化为电力的过程中，50% 以上的能量会以热能的形式损耗掉，而在将电力传输到各家各户的过程中又会损耗掉 5%。从原油中提炼汽油时，也会有大约 10% 的能量损耗。当能量到达最终用户时，所有这些损耗都已经扣除了，这就解释了一次能源和最终能源的不同之处。

还有所谓的**有用能源消耗**。它就更少了，因为这里只考虑对我们有用的能量。然而，有用能量更难确定，并且无法统计。例如，在驾驶燃油汽车时，汽油中 70% 以上的能量以热量的形式白白浪费掉，只有 20% 到 30% 是用于驱动汽车的。而这种驱动是唯一让我们受益的事情。虽然电动汽车的效率明显更高，但也有损耗。这样就会得出一个不太好的结论：在能量转化为对我们有用的形式时，总会有损耗，没有任何一个过程中能量是百分之百都得到使用的，尤其是将热量转化为电能（比如燃煤电厂）和将热量转化为机械功（例如发动机中）。

## 能源对照表左侧会呈现什么数字

我们的生活水平与我们的最终能源需求密切相关。如果完全用可再生能源来满足这一需求，基本上一切都会保持不变——我们几乎不需要改变。那么，通过可再生能源生产能量的真正目标是最终能源消耗吗？但即使是可再生能源，也不是没有损耗的。例如，即使风能和太阳能发电不稳定，电力也必须持续地输送到我们的家中或暂时地被储存起来，这种情况有时就会导致相当大的能量损耗，再比如通过所谓的"绿色电力"生产氢气时，也会有能量损耗。或许一次能源需求是更现实的目标呢？

因为这个问题的答案和解答过程都并不简单，所以我们想在我们的思想实验中将这两个数据都纳入对照表：我们当前的最终能源需求和一次能源需求。如果我们想用可再生能源满足我们现在的全部能源消耗，那么介于这两个值之间的能源量，即每人每天 85 ~ 120 千瓦时，可能是合适的数量。这是因为，一方面，转向可再生能源省去了化石燃料发电厂的能量损耗，但另一方面，必要的能源储存也带来了新的损失。你选择个人认为更现实的数字，其实这对本书中的结论并没有太大的决定性意义。

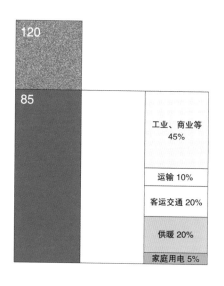

120

85

工业、商业等 45%

运输 10%

客运交通 20%

供暖 20%

家庭用电 5%

德国的能源消耗：一次能源需求为每人每天 120 千瓦时，最终能源消耗为每人每天 85 千瓦时。我们直接影响了家庭用电量、供暖和客运所消耗的电量，而我们的消费行为间接地影响了货物运输和工商业等领域的能源消耗。

当然，我们可以假设未来将拥有更高效的技术，从而减少我们的能源消耗，比如交通和供暖的电气化就有着巨大的潜力。尽管如此，我们还是希望在能源对照表中列出现在的能源消耗。一方面，能源结构的变革条件必然是先成功实施改革；另一方面，回顾过去 30 年，尽管技术进步使效率有了明显的提升，但最终能源消耗根本没有改变。因此，我们不能确定是否可以像人们常说的那样，通过技术进步轻松地降低我们的能源消耗。例如，如果我们在交通领域完全依赖电能，那么该领域的能源消耗实际上是有增无减的。

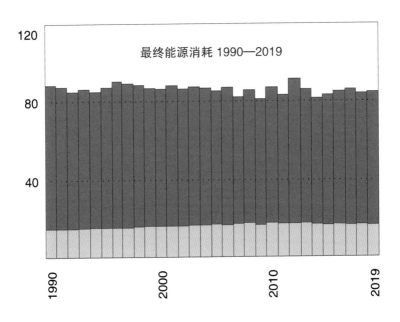

以非电力的形式

以电力形式

30 年来，尽管技术进步使效率有了明显的提升，但德国的最终能源消耗（单位：千瓦时每人每天）一直约为每人每天 85 千瓦时。它已经与经济增长脱钩了，但这对我们来说就足够了吗？

# 国际比较

其他国家的一次能源消耗情况又是怎样的呢？这是一个非常有趣的问题，让我们来看看这些比较有代表性的国家：

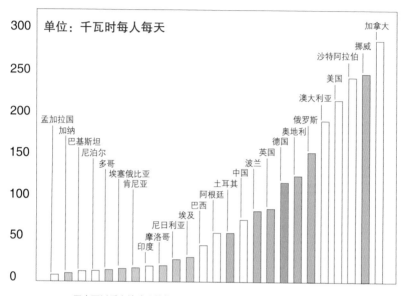

图中可以看出地球上的能源消耗非常不均衡（浅蓝色，亚太地区；粉红色，非洲；黄色，美洲；深蓝色，欧洲）。此外，世界能源消耗的平均水平是每人每天不到 60 千瓦时，而我们德国的消耗量是其两倍，看看印度和中国在哪里。

我们可以看出：能源消耗与财富有着很大的关系。一般来说，富人会比穷人消耗更多的能源。例如，在印度，人均能源消耗量仅为我们的 1/5。难道我们不想让印度人民和德国人民拥有一样的生活水平吗？答案当然是肯定的，但是这只有在能耗显著增加的情况下才有可能。此外，世界人口仍在持续增长，因此，全球能源消耗总量可能会继续上升，即使这种增长近年来已经有所放缓。仅在 1973 年到 2020 年间，世界人口就翻了一番，而在德国，人口也有 5% 的增长。

　　回到我们的思想实验，现在的情况如何，我们能否只使用可再生能源来满足我们当前的能源消耗呢？让我们往下看，在下文中，我们希望共同了解未来的能源供应情况，以便每个人都可以在这个重要话题上发表意见，并帮助决定我们在未来几十年要走哪条路。所以让我们开始吧！

# 太阳能

太阳是我们这颗星球的能源供应者,几乎所有可供我们使用的能源,例如风能和水能,都直接或间接地由太阳提供,毕竟,太阳就像是驱动我们天气变化的引擎。即使是天然气、煤和石油等化石燃料,其中也含有储存了数百万年的古老太阳能,但这是否也意味着太阳能将成为可再生能源的主要来源呢?

# 太阳能概述

太阳是一个巨大、炽热的气体球,它会辐射出巨大的能量,表面温度超过 5500 摄氏度。幸运的是,地球距离太阳 1.5 亿千米,再近一点的话对我们人类来说,实在太热了。但如果我们离太阳更远一点,又会太冷了,所以现在的距离刚刚好。太阳为风、天气、温度和地球上所有的生命提供动力能量。

太阳的辐射可以穿越宇宙空间,并且不会出现明显的损耗,但在太阳光进入地球大气层后,会首次出现衰减,最终到达地球表面的部分在技术上是可以使用的。在特定时间到达特定位置的能量究竟有多少,这取决于多种因素:太阳照射角度、阳光穿过大气层时的路径长度、当时的天气、当天的空气污染情况和当天白天的时长。如果测量一个地点全年的太阳辐射能量,并将其平均分配到 365 天,将会获得当地太阳能可用性的参数。

这个参数因地而异,瑞典北部每平方米每天的太阳能量为 2 千瓦时,而撒哈拉沙漠有 6 千瓦时。

这个参数用我们的实验可以比喻为，瑞典北部每平方米有 2 名自行车手，而撒哈拉沙漠每平方米有 6 名自行车手。德国的太阳能量是每平方米 3 千瓦时。另外，在一年中，能量不会平均地到达地表的每一个位置。例如，在德国，每年 5 月至 7 月的 3 个月中辐射到的太阳能量大约是 11 月至次年 1 月这 3 个月的 6 倍，这就是冬天这么冷的原因。

所以，现在我们知道了有多少能量以阳光的形式到达地球表面。但是，到底有多少可以有效地用于我们的能源生产呢？全部？还是只有一小部分？用什么技术才能获取这些能量呢？

# 我们如何利用太阳的能量

从技术上讲，我们基本上可以通过两种方式利用太阳的辐射。显而易见同时也是最古老的方法是利用辐射给水加热，即所谓的太阳能热能，第二种方式是使用现代技术进行太阳能光伏发电。

## 太阳热能用于供热和发电

当太阳辐射落在材料上时，部分能量会被吸收并转化为热量。我们可以通过巧妙地选择材料，来增强这种吸收效果，并且太阳在明暗不同的表面上加热，情况也不一样。然后，被吸收的热量通过液体的形式被传输到其目的地。通常，人们还使用水箱作为提取热量的临时存储装置，可以根据实际需要，温暖房间或加热洗澡水。这项技术有着许多优点，主要是结构简单，可以储存热量，至少可以平衡一天中不断变化的太阳辐射。

利用太阳能供热（左）和供电（右）。屋顶上的面板看起来很相似，但其实不一样，下次你可以仔细看看，是否能猜出是太阳热能还是光伏发电。

　　我们也可以更大规模地使用太阳热能。设想一下，我们离开家，去撒哈拉沙漠这样阳光充足的地区。在那里有一座大型太阳能热电厂，阳光可以通过太阳能反射镜集聚，温度可超过 1000 摄氏度。事实上，也确实需要这么高的温度，因为在这些设备中，电力是由蒸汽动力过程中的热量产生的。温度越高，从太阳光线中产生的电力就越多。

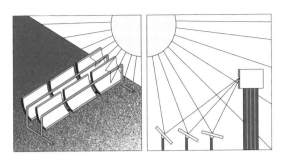

太阳能热电厂通过抛物线凹型槽反射镜将阳光集中到泵送液体的管道上（左）。阳光被平面镜反射到塔上并在那里集聚（右）。

　　然而，我们想要做到这些，技术难度比起在住宅建筑中简单地加热要大得多，因此，这样的操作不适合用于房屋屋顶。该项技术的一个优点是所使用的传热流体可以储存，即使在日落之后也可以发电，这意味着发电可以不受时间限制，更好地满足需求。

### 光伏发电

　　另一种利用太阳能的可能性是直接发电。这需要通过一项很新的技术——光伏技术来实现。它最初是为太空旅行而发明的，现在我们在许多房屋的屋顶上看到的太阳能电池板都运用了这项技术。光伏技术运用的是光电效应，直接用太阳入射光发电，所以太阳一落山，光伏就无法再提供电力了。

　　太阳能直接转化为电能——无需机械过程，无需高温——具有很大的优势。光伏电池板可以用上数十年，设计简单易操作，所以使用范围极广，从带有太阳能充电器的手机移动电源，到可以为整个城市提供能源的占地数百平方千米的空地，都在使用光伏发电。典型的光伏组件可以将辐射的太阳能中大约 20% 的部分转化为电能。这些组件可以紧挨着一起放置在屋顶上，这样可以有效利用空间，避免浪费。在空地上，比如高速公路旁，光伏组件的安装间距要大一些，以供通道使用，并避免白天相互遮挡。因此，在这类场地，无法将太阳能中的 20% 转化电能，最多只能转化 10%。

　　与所有技术设备一样，光伏组件的生产也需要能量，其中还包括提取原材料、运输等方面所需的能量。生产光伏组件消耗的这些所谓的"灰色能量"在大约两到三年内（取决于位置）会得到弥补。但这些设备会在往后的 20 ~ 30 年间产生能量盈余。

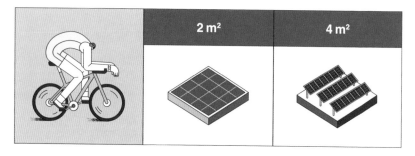

德国所在的纬度，光伏发电的效率如何呢？为了使每年生产的能量能够与一名自行车手骑行产生的一样多，即每天 1 千瓦时或每年 365 千瓦时，我们需要大约 2 平方米的光伏组件（中）。如果我们在空地安装许多这样的组件，就需要更多的空间，因为这样的组件安装需要更大的间距（右）。

## 太阳热能还是光伏发电？

那么哪种技术更好呢？其实没有正确的答案，因为这取决于地理位置，当地是否需要热量或电力，或者当地是否有能力储存几个小时的能量。当然，成本也会有影响。对于发电方式而言，光伏是一个不错的选择，在更南的地区，比如南欧和非洲，还可以使用太阳能热电站。太阳热能设备甚至比光伏发电更高效，也就是说，它们可以将更多的太阳能转化为电力。不过，对于地域辽阔的国家而言，地理位置的影响其实又不是那么大了，那么成本就成了决定性因素，而以目前的技术手段来看，光伏发电的成本要低得多。

如果我们只是需要用热量来取暖或者洗澡，那么建议选择太阳热能设备，因为它们的效率非常高，它们可以将到达地球的太阳能中的 50% 到 65% 转化为热量。然而，大部分热量产于夏季，那时我们其实最不需要的就是热量。因此，我们必须具体问题具体分析。不过无论如何，我们都可以将相当一部分太阳能为我们所用，这就是好消息。

# 太阳能的潜力

我们现在大致了解了将阳光转化为对我们有用的能量的方法，但这些太阳能转化技术最终能为我们的能源供应总量做出多少贡献呢？通过这些技术可以满足我们所有的能源消耗吗？

我们一起来评估一下德国的情况。在德国，我们平均每天每平方米获得大约 3 千瓦时（即每平方米 3 名自行车手）的阳光，其中石勒苏益格 - 荷尔斯泰因州相对少一点，巴伐利亚州多一点。然而，太阳辐射绝不是恒定的，它的变化很大，通常取决于白天的时长、天气条件、空气纯度，以及因太阳的照射角度和白昼长短而变化的季节。

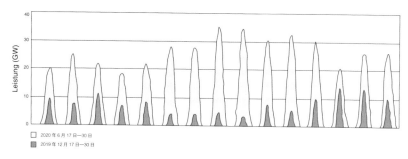

我们分别在 2019 年 12 月（粉色）和 2020 年 6 月（黄色）的 14
天内，在德国各地利用光伏发电做了一次实验。每一个山形图显示
的是一天的情况，两山之间代表的是晚上，此时产量下降为零。从
图中我们可以看到，夏天（黄色）比冬天（粉色）产生的能量多得
多，不仅是曲线的高度要更高，宽度也更宽，因为夏天的日照时间
更长。

目前，德国安装的光伏设备，在夏季正午天气晴朗时产生的电力几
乎相当于 40 座核电站（即 40 千兆瓦）的发电量。但由于太阳不是昼夜
不停地照射，并且总有某些地方天气不好太阳照射不到，所有光伏设备
的年均发电量仅相当于 7 座核电站的发电量。换算成我们的单位，相当
于每人每天 1.7 千瓦时。因此，我们必须谨慎对待所谓的"装机容量"数据。
总结来看，德国的光伏发电平均地满足了我们电力需求的 10%，但仅占
我们一次能源需求的 1.4%，而所有设备所需的土地面积约为 500 平方千
米（相当于德国国土面积的 0.14% 或柏林土地面积的一半）。

德国用于供热的太阳热能设备较少，因此它们产生的能量大约只有
光伏发电的 1/5，即每人每天 0.3 千瓦时。德国没有用于发电的大型太阳
能热电厂，因为不划算，只有在比较靠南的国家，性价比才会高一点，
比如西班牙或北非。总之，我们有用于发电的光伏设备和用于供热的太
阳热能。

## 德国可以有多少太阳能

现在我们先来估计一下：只给德国提供可再生能源是否可行？然后
再大胆设想一下：如果将德国用于太阳能设备的面积增加 10 倍，会是什
么样子呢？

如果把这一设想放到光伏发电，那就是5000平方千米，即德国国土面积的1.4%。你认为这可行吗？原来的每人每天1.7千瓦时将变成每人每天17千瓦时。此外，未来的光伏设备将比现在的更高效，这并非不现实；毕竟，许多旧设备现在还在运行。因此，假设在遥远的未来，我们每平方米可以获得比现在运行的设备多50%的能量，那么，换算成我们的单位后，就是**每人每天25千瓦时，即每人有25名自行车手**。情况还不错，是吧？

如果太阳热能增加10倍的话，就是每人每天的可用电量从0.3千瓦时提高到**每人每天3千瓦时，即每人有3名自行车手**。

还记得我们的总能耗（不仅仅是电力消耗）是多少吗？确切地说，是每人每天120千瓦时的一次能源和85千瓦时的最终能源。不幸的是，我们可以从上面的数据得出，光伏发电和太阳热能远不能满足我们对能源的巨大需求。不过，根据我们的计算，光伏发电可以覆盖的电力需求至少将明显多于目前的。然而，德国所有屋顶的面积远远不足以实现这一目的，我们只有大约1500平方千米的屋顶面积，而且其中一些屋顶已经安装了太阳热能设备。除了屋顶面积外，我们还需要德国国土面积的1/100（即3500平方千米）用来在空地安装光伏设备。这将意味着，德国每平方千米范围内，都将有一个边长为100米（m）的正方形光伏设备覆盖。其实这已经很多了，然而，这还只是刚好满足我们的部分能源需求而已，我们应该逐渐意识到我们对能量的需求到底有多大。

因此，如果我们想要完全通过可再生能源来满足我们的能源需求，仅靠太阳能是无法做到的。不过，我们将在接下来的几章中介绍许多其他的可再生能源。但是，现在让我们填一下计划在每一章最后要更新的能源对照表。我们可以从右侧开始，前面的数据告诉我们，太阳热能为3名自行车手，光伏发电25名，一共有28名自行车手。所以，我们已经取得了不错的进步，但还有很多工作要做。此外，在每一章最后，我们都会在一张德国地图上显示每种能源需要多少土地面积。太阳能需要5000平方千米，但这些土地并不需要全部都是绿地，许多已经封闭的区域也可用于光伏发电。然而，这个数字也清楚地表明了我们将面临什么挑战。

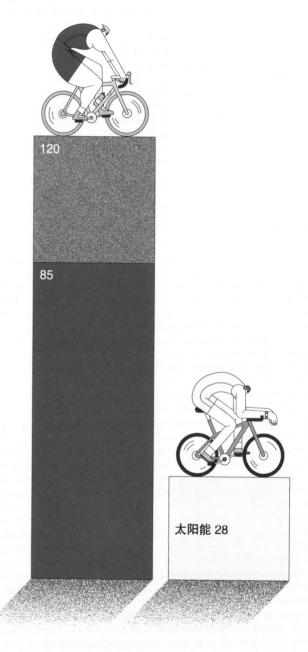

左侧的灰蓝色柱显示了，在德国每人每天 85 和 120 千瓦时的能源需求。
前者是我们的**最终**能源需求，后者是我们的**一次**能源需求。右侧柱子显
示的是我们将在本书中逐步估算的可再生能源的贡献。

太阳能

在本章中，我们估算太阳能可以做出的贡献为每人每天 28 千瓦时，这是一个相当大的贡献。前文提到，德国并没有大型太阳能热电厂，为此，这里的面积为光伏设备需要的土地面积，在这种情况下，太阳能所需的面积约为 5000 平方千米，即一个边长约为 70 千米的正方形。

# 太阳能

● 太阳可以辐射能量，在德国，平均每平方米每天有 3 千瓦时的太阳能，但从时间上来说，能量分布很不均匀，夏天比冬天多，晚上什么也没有。

## 可能的用途

● 利用**太阳热能**，例如在屋顶上安装太阳热能设备，可以产生热水供房屋使用并支持供暖系统。然而，缺点是，我们在夏季获得的能量最多，而在冬季则明显减少。这与需求正好相反。此外，热量难以长距离传输，也不可能长时间储存。

● 利用**光伏**或大型**太阳能热电厂**（例如在南欧或非洲），也可以从阳光中获取电力。

## 当前的使用情况

● 在世界范围内，太阳能与风能一样，是最具潜力的可再生能源。近几十年来，太阳能发电的成本大幅下降，已经到了可以与廉价的燃煤发电竞争的阶段，并且成本很有可能还会继续下降。

● 在德国，我们安装的光伏发电设备在高峰期（天气理想时中午 12:00）的发电量相当于 40 座核电站（40 千兆瓦），但如果按一年来算的话，光伏发电量只相当于 7 座核电站，因为太阳不是昼夜不停地照耀同一个地方的。

# 效率 / 空间要求

### ⟶ 光伏发电或在南方国家通过太阳能热电厂发电

1/5 的太阳能可以转化为电能。电力形式的能源极具吸引力，因为它易于运输且用途广泛，但是生产大量能源需要很大面积的土地。

### ⟶ 太阳热能产生热量

更大比例的阳光可以转化为热量。然而，生产主要集中在夏季，且难以储存或运输。

# 使用时间 / 储存要求

### ⟱ 光伏发电

光伏本身不具备任何存储可能性。光伏发电的效率直接随太阳辐射而变化。

### ⟶ 太阳能热电厂发电

白天可以通过高温蓄热器来调节发电量，然后在日落后的几个小时内也可以发电。

# 生态影响

### ⟰ 生态影响很小，尤其是在封闭的区域，比如屋顶。太阳能也可以与农业结合使用。光伏组件一般都易于回收利用。

# 国际潜力

### ⟰ 在全球范围内，只有太阳能才有可能实现能源转型。地球上可以安装光伏的区域有很多，例如屋顶或与农业相结合的区域，大沙漠或无人居住的地区也是有可能的，但需要很长的电线，或者能量必须以储存形式（例如氢气）运输，这会造成高损耗并消耗大量淡水，有时还需要大量水源来运行发电厂。

⟰ 好　　⟶ 中等　　⟱ 差

# 生物质能

　　生物质是地球上所有生物的统称，包括人、动物、细菌，尤其是植物，占其中的 80%。人类至今一直在利用生物质，它在目前使用的可再生能源中占比是最大的，主要是用于供热。生物质能在未来的能源转型中可以发挥什么作用？生物质中实际包含了多少能量？植物的能量来自哪里？是来自土壤、空气，还是复杂的生物变化过程？

# 生物质概述

　　植物的生长需要两样东西：结构材料和能量。碳是主要的结构材料。植物从空气中，确切地说，从二氧化碳中获取碳，而二氧化碳是气候变暖的主要原因，因此植物是天然的二氧化碳储存器。当木材燃烧并在一堆肥料上分解时，会再次产生二氧化碳，与之前从空气中吸收的一样多。因此，从生物质中获取能量的过程是碳中和的。

生物质不仅是人类和动物的食物来源，也是天然的二氧化碳储存器和能量来源，而且还美观。

## 生物质中的能量来自哪里

植物中也储存了能量，但这些能量既不是来自土壤，也不是来自空气，而是来自太阳。植物实际上是太阳能的储存器，与光伏、风能不同，生物质可以在任何时候使用，例如在没有阳光或没有风的时候，以平衡其他可再生能源的波动。

我们可以将生物质与光伏进行比较，因为两者都将阳光转化为可供我们使用的能量。那么，你认为哪种能量效率更高：1 平方米的光伏发电还是 1 平方米的生物质耕地？科技还是自然？我们将在下一节给出答案。

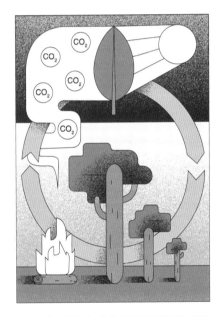

地球上有一个自然循环：受到光照的叶子会从空气中吸收二氧化碳，将其分解为氧气和碳，并将后者结合到植物中。所以，吸收二氧化碳需要太阳能。当生物质燃烧或腐烂时，碳再次变成二氧化碳，这意味着能量被释放出来。因此，植物是能量储存器。然而，许多古代的植物并没有再次释放出全部的能量，它们被困在地表以下，在那里变成了煤、石油和天然气。现在，这些能量也在供我们使用。

生物质是人类最古老的能源。最初，人类仅将植物当作食物，之后，我们在寻找新能源的过程中，有了一个重要发现：植物通过燃烧，可以将其中储存的能量以热能的形式释放出来，并为我们所用。人类在进化过程中发现了火——这是文明的基础！随后的几个世纪，我们为了将这种热能转化为其他形式的能量，也研究了许多方法：其中一种是借助蒸汽机或发动机将热能转化为动能，然后再将动能转化为发电厂需要的

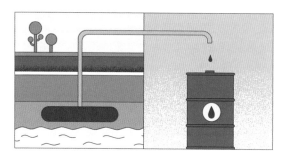

石油、天然气和煤是地球上积累了数亿年的生物质。但这些生物质燃烧消耗得却很快，几百年内就能烧完。

电力。

今天，我们巨大的能源需求中的大部分都是通过古老的生物质来满足的，即煤、石油和天然气。这些物质在地球上长期处于休眠状态，其中所含的碳是数亿年前就已经从空气中提取了的。这些碳在我们燃烧化石燃料的几个世纪内释放出来，正在从根本上改变气候，并且存在着风险，可能会永久改变我们以及其他所有生物的生存空间。

由于木材等可再生生物质是碳中和的，因此可以用它来替代化石燃料，以实现气候中和。事实上，即使在今天，世界上大部分的可再生能源都来自生物质。每天有超过27亿人使用燃烧的木头做饭，在德国我们也使用大量木材取暖，比如木屑取暖炉等。

然而，也有很多关于利用生物质能的批评，特别是对于像玉米种植这样的工业化单一种植和与粮食生产直接竞争的农业用地需求。为了更好地了解生物质的潜力，我们应该首先区分其用途。

# 如何利用生物质

　　生物质可以释放多少能量？这一方面取决于我们所使用的植物，另一方面取决于我们如何处理它们，那么让我们先从选取的植物开始讲起。

　　有一种已经使用了数千年的能源是树木。木材易燃，可用于取暖和烹饪。然而，对于木材，我们不会像处理油菜或玉米那样，每年"收获"储存在树中的能量，而是一直等到树木长大，然后将其砍伐并一次性收获能量。但是，我们可以考虑 1 平方米森林平均每年可以提供多少能量，并将这个数据与 1 平方米接收到的太阳能进行比较。通过计算效率，即消耗能量与可用能量之比，我们就可以将不同的植物进行比较，也可以将生物质与光伏发电进行比较。

　　与种植面积相关的典型效率是多少，换句话说，有百分之多少的太阳能可以转化到生物质中？不同的植物数据不同，但基本也只在 0.2% 到 0.5% 这个范围内，这是相当少的。还记得空地光伏设备的效率是多少吗？大约 10% 的太阳能可以转化为电力，也就是说，光伏的效率是生物质能的 20 到 50 倍。更何况，我们还需要花费额外的能量来种植以及加工植物，实际效率甚至会更低。顺便说一句，巴西的甘蔗虽然没有更高的效率，但是那里有更多的阳光。

　　综上，植物只储存了一小部分的太阳能。那么我们如何使用它呢？基本上有三种选择：生物燃料、沼气或直接燃烧。

生物质的三种用途：生物燃料、沼气和直接燃烧。

　　一般来说，如果植物比较干燥，直接燃烧提供的能量是最多的，但只能获得热量。只有进一步将其放到发电厂才能转化为电力，但同时损耗也会很大。沼气的情况类似；通过沼气可以获得大约 1/3 的电力和 2/3 的热量。三种用途中，生物燃料的效率最低，但它有一个巨大优势：可以直接用于运输工具，为传统的内燃机提供动力。总而言之，能量的效率取决于使用的方式。让我们通过一张图来比较一下：

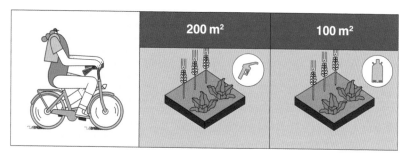

多大面积的可耕地所产生的年平均生物质能与自行车手生产的一样多，即平均每天 1 千瓦时或每年 365 千瓦时？如果我们用植物制造生态柴油，我们需要大约 200 平方米的种植面积（中）。在生产同等能量的情况下，沼气的效率更高，100 平方米就足够了（右）。

　　还记得空地光伏设备每天产生 1 千瓦时的能量需要多少土地吗？仅 4 平方米，与 100 或 200 平方米对比起来，这个差距是巨大的。但是沼气和生态柴油的一个优点是，可以随时使用，比如在没有阳光的情况下。

　　那么这一切说明了什么呢？在利用太阳能方面，植物比太阳能设备要差得多，这让我们进一步开始思考：如果我们最主要的能源需求由生物质来满足，那么需要多大的使用面积呢？让我们一起来估算一下。

# 生物质的潜力

我们来大致估计一下，德国的生物质能为我们提供多少能量。这个计算过程可以非常细致，比如区分不同的植物、不同用途的生物质。但其实，基本的数据并不会有太大的变化。

我们只需要两个数据：一个被生物质覆盖的区域大约可以产生多少能量，以及我们在德国有多少可用区域？

第一个数据我们已经讨论过了。无论我们选择哪种植物,因其低效率，我们都至少需要 100 平方米的土地才能生产每天 1 千瓦时或每年 365 千瓦时的能量。严格来说，我们还得扣除种植和肥料所消耗的能量，现在就姑且按照 100 平方米土地每天可以产生 1 千瓦时或每年 365 千瓦时的能量来计算。

我们有多少土地可用于种植植物？让我们来看看德国是如何划分它的 35.7 万平方千米国土的：大约 50% 是农业用地，30% 是森林。当然，我们不能将其全部用于能源生产，我们必须摄入食物，还有一些其他需要木材的活动。另外，德国是粮食净进口国，这代表本国土地甚至不足以为本国人口提供粮食，这意味着，我们的假设只是一次为了估算生物质潜力的联想活动。我们以一半森林面积的木材生长为例（仅限持续生长的木材），看看能产生多少能量。假设 20% 的农业用地用于能源作物（顺便说一下，2020 年用于能源作物的土地面积相当于农业用地的 15%，所以我们的假设差得不远）。从这些土地上，我们可以获得每人每天 11 千瓦时的能量，即每人有 11 名自行车手为其服务。最后，假设我们还可以使用 1/4 的有机肥料，例如粪肥或绿色垃圾，这些可以产生另外 1 千瓦时的能量。因此，我们能源对照表中的数据是 **12 千瓦时即 12 名自行车手一天产生的能量**。

每人每天 12 千瓦时的能量贡献并不小，但与我们的能源消耗比起来，这贡献也不算大，而且代价还很高：我们真的要用这么大的面积（所有林地的 50% 和农业用地的 20%）来换取这么点能量吗？在其他幅员辽阔的国家可能会有不同的结果，但在德国，土地非常有限。

## 这个估计说明了什么

虽然土地有限，但我们还是应该看看如何合理地利用生物质，让其发挥优势，因为如前文所述，它的使用时间不受限制，即使效率低，但对太阳能和风能仍不失为一种很好的补充。沼气和生物燃料等中间产品又非常容易储存和运输，并且容易转化为有用能源。过去 20 年，由于大家的资金支持，德国建成了许多沼气电站，目前占德国发电量的 10%，在短期内关闭这些电站是没有意义的。

因此，关键问题是我们应该利用哪种类型的生物质。单一栽培的能源作物与粮食生产直接争夺土地，也损害生物多样性并且会降低土壤肥力。相比之下，天然混交林的木材虽然产量低，但能够可持续地用于能源生产。有机肥料作为能源也是有效益的，但只能利用一部分，因为土壤需要碳来维持腐殖质，而这些碳会通过牛粪之类的肥料中的秸秆返回到土壤中。如果牛粪中的所有能量都用于沼气电站，那就没有了碳循环，腐殖质最终就会随着时间的推移被消耗殆尽。

因此，想要全天候地利用生物质来满足我们的基本能源需求是不合理的，并且上述每人每天 12 千瓦时的能量大部分是热量。不过，在弥补风能和太阳能的局限性方面，生物质在不久的将来仍然可以发挥重要作用。然而，从长远来看，它可能会失去其重要性，因为随着可再生能源的日益扩张，大型储能装置可能会取代它。

尽管如此，我们还是将每人每天 12 千瓦时的能量记入能源对照表中，这些能量虽然不对，但对我们也有很大的帮助。然而，正如德国地图所示，代价也相当大，很大一块区域都用来生产生物质能了。

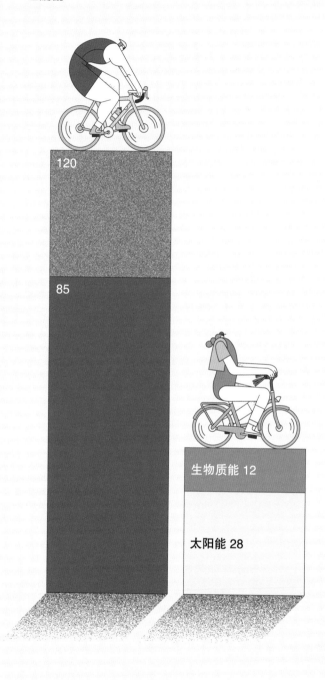

左侧的灰蓝色柱显示了在德国每人每天 85 和 120 千瓦时的能源需求。前者是**最终**能源需求，后者是**一次**能源需求，右侧对比的是可再生能源的可能贡献情况。

在本章中，生物质为我们增加了每人每天 12 千瓦时的贡献。为此，图中显示的区域必须完全被能源作物覆盖，这项贡献所需的土地面积是巨大的。

# 生物质能

● 生物质是有机物料，尤其指那些含有以固定碳形式储存太阳能的植物。

# 可能的用途

● 可以通过三种方式从生物质中获取能量：

- 直接燃烧
- 转化为沼气（木材气化或通过沼气发生装置中的细菌）
- 转化为生物燃料（生态柴油或生物乙醇）

● 无论获取能量的情况如何，重新造林增加树木，以及增加土壤中腐殖质的含量，能直接储存二氧化碳。如果森林里的木材后来被用于建造房屋等，那么二氧化碳的结合时间会更长。

# 当前的使用情况

● 世界上大部分地区供暖都会使用木材（比如柴火炉、木屑和颗粒加热设备）；在世界上较贫穷的地区，烹饪时仍然使用木材。

● 生物质作为燃料（在乙醇汽油 Super E5 和 Super E10 中）

● 沼气供热、供电：原则上，发电可以部分平衡太阳能和风能的波动。然而，迄今为止，德国还没有做到用生物质全天候稳定地发电。

# 效率 / 空间要求

⬇ 植物使用太阳能的效率非常低，这意味着需要很大的面积才能对能源供应做出实质性贡献。生物质首先产生的是热量，只有消耗足够多的能量，才能将其转化为电力。即使它用作燃料，也需要大面积的土地。

## 使用时间 / 储存要求

⬆ 生物质就像是被当作能量储存器，因此可以随时转化为电能或热能。在世界各地，用于分配和使用生物燃料和沼气的基础设施大部分都已经建成。然而，迄今为止，几乎没有被使用过。

## 生态影响

➡ 生态和谐在很大程度上取决于所使用的能源作物，单一栽培对生物多样性会产生负面影响，并会与粮食生产争夺土地。混交林和有机肥料能够以可持续和生态的方式生产能量。此外，有必要区分清楚，产生腐殖质的植物和消耗腐殖质的植物，因为腐殖质中含有大量的碳。

## 国际潜力

➡ 在拥有大片无人居住区的国家，生物质可以作为太阳能、风能和水力发电等主要能源的有益补充。然而，随着储能技术的发展，其重要性可能会下降。

⬆ 好　　➡ 中等　　⬇ 差

# 风能

为什么风里会含有能量呢？这是因为风是移动的空气，任何移动的质量都包含动能。决定能量大小的是风的质量和速度。谈到质量，人们可能会认为风几乎是没有质量的，但这其实是误解：空气的"重量"比你想象的要大，每立方米（$m^3$）空气的质量为 1.25 千克。就速度而言：风的速度可以变得相当快，在海边，每小时 40 千米的速度并不少见。现在的问题是，这些能量当中有多少以及能够通过何种方式为我们所用？

## 风能概述

如今，风力发电主要使用的是我们经常看到的三叶风力涡轮机，当然也有其他技术手段，所有技术都要遵守一条规则，即风速与风中的能量紧密相连：风中的能量与风速的三次方成正比。这意味着，当风速增加 1 倍时，风中的能量增加到 8 倍，3 倍的风速意味着高达 27 倍的能量。因此，风速快的地方是理想的风力发电场所。

此外，风力涡轮机的效率还直接取决于转子扫过的面积。因此，大型风力涡轮机可以提供特别多的能量，因为 2 倍的直径意味着扫过的面积有 4 倍。一台转子直径为 200 米的风力涡轮机提供的能量相当于 25 台转子直径为 40 米的风力涡轮机。并且，高处的风力比地面强得多，高处的风力涡轮机比低处的效率更高。

因此，今天的风力涡轮机比过去的高得多，转子直径也大得多。目前广泛使用的风力涡轮机通常转子直径为 120 至 140 米。不过科技飞速发展，现在已经有 160 米直径的风力涡轮机了，相信再过几年肯定可以达到 200 米。

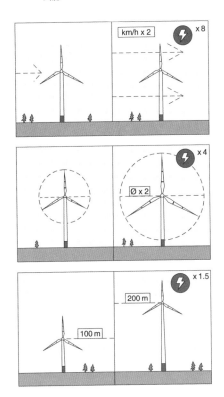

影响风力涡轮机发电量的因素：风速、直径和塔架高度。风速翻倍，则发电量为 8 倍（上），直径翻倍，则发电量为 4 倍（中），塔架高度翻倍，发电最多为 1.5 倍（下）。

    然而，德国的平均风速因地而异，海岸上的风通常比陆地上的风更强，因此德国的风力发电产量也因地而异，海上风力涡轮机产生的能量是巴伐利亚州（陆地）的两到三倍，但海上风力发电的成本也要高得多，不过我们也可以在风速小的区域找到理想位置安装风力涡轮机。一年中，德国风力发电的产量也不是均匀分布的，会根据季节变化，比如在冬天，风力就要强劲得多。在 5 月至 8 月，也就是夏季月份，发电产量约为 12 月至次年 3 月的冬季月份的一半。与太阳能一样，风力发电的产量在一段时间内也会有很大的差异，因为有时在几个小时内风会变得特别大，有时风又很小。所以，我们必须使用能量存储器或其他方法来弥补这些波动，这个话题我们在后面会单独讨论。

# 如何利用风能

在很久以前我们就开始利用风能了，比如风车，看起来和我们现代的风力涡轮机很相似，只是小了很多。现在又有各种类型的风力涡轮机，另外还有垂直轴风力涡轮机。同时也有人做过一些实验，让风筝在天空中飞出圆形或八字形的轨迹。这些技术有什么区别呢？有没有最好的技术呢？

今天，我们看到的大多数是三叶风力涡轮机，它们和传统风车一样，需要迎风而立，而垂直轴风力涡轮机则不同，它并不需要考虑风从哪个方向来。但是为什么我们基本上只能看到三个叶片的风力涡轮机呢？这是因为它们从风中汲取能量的效率不同，三叶风力涡轮机的效率明显比垂直轴风力涡轮机更高。此外，建造真正大型的垂直轴风力涡轮机难度也非常大。

现代风力涡轮机和传统的风车在规模上差异巨大，前者高达 250 米，相比之下，传统的风车看起来很小，而人就显得更小了，最左边的人只能认出是一个黑点。

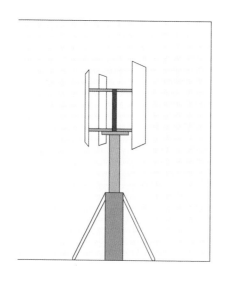

这就是垂直轴风力涡轮机，它们建造时，无须朝向风吹来的方向。

### 风力涡轮机的效率如何

你知道风力涡轮机可以将风中所含能量的百分之多少转化为电能吗？我们拿太阳能来做个对比，在德国，一个光伏组件可以将大约 20% 的入射太阳能转化为电能。风能有一个理论上的效率最大值，即所谓的贝茨定律中的极限值（Betz–Limit）。该定律表明，我们最多可以将 59% 的风能转化为电能。为什么不是 100% 呢？因为效率达到 59% 之后，风速会降为零。

现代风力涡轮机的效率已经非常接近贝茨定律所指的极限。它们可以将叶片扫过区域的 50% 的能量转化为电能，这令人印象深刻！更有趣的是，风力涡轮机仅用三个叶片就可以做到，而且只需要很小一部分区域留在风中，不过即使有更多的叶片，也并不会让风力涡轮机效率变得更高。

## 风能的潜力

那么我们利用整个德国的风力发电可以产生多少能量呢？这完全取决于我们希望在陆地或海上安装多少台风力涡轮机（或类似技术）。目前，我们在陆地上拥有大约 3 万台不同尺寸的风力涡轮机，直径最大通常为 120 米。如果我们将这 3 万台涡轮机全部换成直径 160 米的大型风力涡轮机，并再增加 1 万台，你认为够了吗？让我们来计算一下。另外，

我们还希望在北海和波罗的海也安装 2 万台风力涡轮机，目前那里有
1500 台。

　　一台直径为 160 米的风力涡轮机在陆地上平均每天生产 4 万千瓦时
的能量，在海上生产的能量为平均每天 8 万千瓦时，即多达 4 万或 8 万
名自行车手。这是非常了不起的数字了，这意味着，我们在大约半年内
就能弥补生产风力涡轮机所消耗的能量，并在接下来的 20 到 30 年内获
得大量能量。


## 风电场的面积

　　在大型风电场中，各个风力涡轮机不能靠得太近，以免把彼此的风
带走，涡轮机之间的距离至少应该是转子直径的 5 倍。因此，对于拥有
许多风力涡轮机的大型风电场，我们可以知道风电场占据的总面积（当
然，这样的面积分析对于单个风力涡轮机没有意义）。通过计算，我们
得出了这样的数据：陆地上一个 16 平方米的风电场所生产的能量与我们
的 1 名自行车手生产的一样多，即每天 1 千瓦时。在海上，由于风速更高、
更恒定，只需要 8 平方米的风电场。你可能还记得：光伏发电每天产生
1 千瓦时的能量需要 2 平方米的土地，用于安装光伏组件，而空地光伏
设备大约需要 4 平方米的土地。这比风能所需面积少，但风能和光伏有
一个很大的区别：在风电场中，风力涡轮机之间的大部分区域都是闲置的，
可以有其他用途，比如可以用于农业生产。

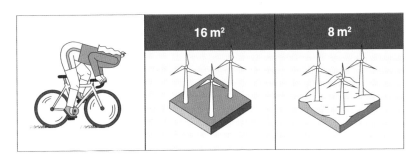

通过计算得出，1 名自行车手生产的能量与一个 16 平方米的陆上风电
场（中），或者一个 8 平方米的海上风电场（右）一样多。

## 能源对照表的结果

我们估算的所有 4 万台陆上风力涡轮机和 2 万台海上风力涡轮机可以产生**每人每天 40 千瓦时**的能量，相当于**每人 40 名自行车手**。这结果很不错，是迄今为止最大的贡献，并且可以满足我们总能源消耗的很大一部分！

但我们不能忘了，我们的假设中有大量的风力涡轮机，而我们在陆地上，不能随意用转子直径为 160 米的风力涡轮机替换现有的发电机，那样会导致风力涡轮机之间的距离不够，正如前面提到的那样，涡轮机之间的距离至少应该是转子直径的 5 倍。因此，假设将所有风力涡轮机以最小距离安装在陆地和海上，我们绘制了下面这张图，显示这些风电场需要的占地总面积。

然而，其实有许多人不喜欢风力涡轮机，觉得这些涡轮机干扰了自己的生活。有的人是因为所谓的次声波、警告灯的迪斯科灯光效果、鸟击，也有的人仅仅是觉得这些涡轮机不美观。不过，风能是无碳能源供应的重要组成部分，风能的优点其实大于弊端。大多数的鸟类死于高速公路和摩天大楼，而不是风力涡轮机；更多的次声波来自道路和海浪，而不是风力发电。当然在鸟类迁徙的主要路线或者在其他有重大理由反对风力发电的地方，我们当然必须做出选择，不过即使这样做也并不能完全解决当地自然保护与全球气候保护之间的冲突，人们常常不得不在这中间做出选择。但至少我们必须清楚一点：没有风能，德国就无法实现能源转型。

这一点在下面的能源对照表中也有所体现，我们现在确实取得了很大的进步：我们每个人都有 40 名自行车手了！

左侧的灰蓝色柱显示了在德国每人每天 85 和 120 千瓦时的能源需求。前者是我们的**最终**能源需求，后面是我们的**一次**能源需求。右侧对比的是可再生能源的可能贡献。在本章中，风力发电的贡献非常可观，为每人每天 40 千瓦时，一半来自海上，一半来自陆上。

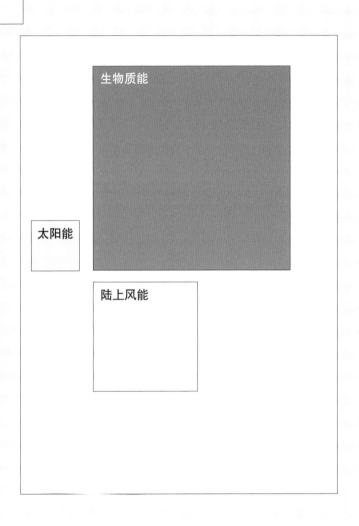

为此，图中显示的区域必须被风电场覆盖。风电场所需的土地面积很大，但风力涡轮机之间的大部分土地并不是封闭的，这些土地可以用于农业生产。

# 风能

● 风是流动的空气，它是太阳引起的全球温度和压力差而形成的。如果将这种流动的空气的速度放慢，就可以获得能量。

## 可能的用途

● 在古代，建造风车是为了机械地利用获得的能量，小型风车也会被用来抽取地下水。而现在，我们利用风能生产电力并将其馈入电网。风力发电除了传统的三叶风力涡轮机外，还有两片或四片叶片以及垂直轴等不同形状的风力涡轮机。三叶风力涡轮机已被证明是最好的技术，飞行的风力涡轮机未来也是值得期待的，但目前仍处于早期开发阶段。

## 当前的使用情况

● 风力涡轮机在全球范围内被广泛使用，并且在所有可再生能源中，对德国的电力生产贡献最大，远超其他的可再生能源。陆地上的风力发电被称为"onshore"，海上的风力发电被称为"offshore"。目前来看，海上发电机相对较少。

# 效率 / 空间要求

↑ 风力涡轮机的效率无法再大幅度提高。现场风速对产量的影响最大。此外，转子直径大的风力涡轮机明显比转子直径小的产量更高，高一点的风力涡轮机也有优势，因为海拔高一点的地方风速也更快。风力涡轮机需要打地基和通路，但在其他方面占地很少。在有许多风力涡轮机的地方，发电机之间要相隔一定距离。

# 使用时间 / 储存要求

↓ 风力发电无法储存，它只能在几秒钟内为电网稳定做出贡献。风力涡轮机在冬季的产量明显高于夏季。

# 生态影响

↑ 反对者将次声波和对鸟类或昆虫的袭击称为风力发电可能会造成的负面影响。然而，次声波造成的损害很难被证实。另外，与其他原因（例如建筑物和交通）造成的鸟击事件相比，风力发电对鸟类造成的损失非常小。此外，鸟类吃掉的昆虫比风力涡轮机伤害的昆虫要多得多。风力发电实际所需的面积还是比较少的。

# 国际潜力

↑ 风能可以在全球范围内使用，无论是在陆地上还是靠近海岸的海上。此外，在跨区域范围内，风能和太阳能经常相得益彰，在所有可再生能源中，风力发电（连同光伏发电）不管是在陆地还是海上，都是具有最大潜力的发电方式。没有风力发电和光伏发电，我们就不可能实现能源转型。

↑ 好　　→ 中等　　↓ 差

# 水能

在我们的星球上，到处都有溪流、湖泊和海洋。整个地球 70% 的面积都被水覆盖。水不仅可以补充人体水分，用于清洗或灌溉，长期以来，人类还用水做了很多事，比如用来驱动机械，建造磨坊的水轮或输送机轮，这使得水能成为人类已知的最古老的能源之一。几个世纪以来，水力发电这种获取能源的方式也在不断完善，现在我们正在建造可以为整个国家供电的水力发电厂。然而，水力发电在我们今天的能源供应中所占的比例有多少，将来通过技术发展，又可以变成多少呢？

# 水能概述

地球上的水是一个不断运动的巨大循环中的一部分，这种运动的状态由太阳来维持。太阳的辐射导致水蒸发，然后以水蒸气的形式上升到大气中，水蒸气到达一定高度后，由于低温凝结成小水滴，进而形成了云。当这些水滴达到一定规模后，它们会以雨的形式落下。一部分雨水直接落入大海，另一部分落入高于海平面的陆地，在那里汇聚成溪流，再汇成江河，最终流入大海。

地球上的水是不断循环的。

因为陆地上有高度差，水会不停流动，降落在高处的雨水会向下流向大海，如果沿途某处有障碍物，水就会聚集并形成湖泊。湖泊被填满后，水就越过湖泊继续向外流，博登湖就是一个很好的例子。

我们知道，当物体移动时，它就具有了可以为我们所用的能量。例如，溪流可以借助磨坊将能量转化为机械功，也可以借助涡轮机将能量转化为电力。向下流动的水中所含可用能量的多少取决于两个因素：第一，流动的水量；第二，发电厂架的桥的高度差。

# 如何利用水能

水力发电厂在技术上是如何操作的呢？自 19 世纪以来，水力发电时，封闭式涡轮机取代了开放式旋转的水轮，此外，机械旋转在过去直接用于驱动水磨坊的磨石，现在则用于使发电机产生电能。今天，一台现代涡轮机的效率高达 90%，这意味着水中几乎所有的能量都可以转化为电能，这是一个令人印象深刻的高数值，同时这也是光伏和风力发电无法企及的效率。

水力发电厂基本上分为三种类型：径流式水电站、蓄能式水电站和抽水蓄能式水电站。这几种类型的主要区别在于水流的高度和流经涡轮机的水量。

摩泽尔河、美因河、多瑙河和莱茵河等河流中都有径流式水电站，它们通过堤坝拦截河流，形成高达 15 米的落差，在上游和下游之间的堤坝中装入一个涡轮机，水流经过这里就能产生能量。这种类型的水电站要求水量要足够大，但水位高度差可以小一点。

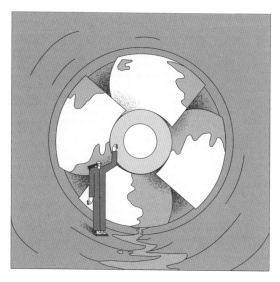

过去，有开放式水车，而现在，有封闭的、巨大的涡轮机，它们将流经的水转化为电能。

蓄能式水电站大多数分布在水库和水坝中。河流被人工筑坝，形成水库，河水通过管道流向数百米的深处，然后通过涡轮机发电。这种类型的水电站充分利用了水位的落差，但不需要很大的水量。此外，水库还可以根据时间段调节能量生产。如果关闭涡轮机的入口，则不再会有水流出，而大坝后面的水会继续流入并聚积储存，当再次需要能量时，打开涡轮机，水库中的水位就会下降。

第三类是抽水蓄能式水电站。这种水电站除了上水库之外，还有一个下水库。如果有多余的电力，则用多余的电力把水从下水库抽到上水库；如果需要电，就让水往下流。由于水泵和涡轮机的效率高，所以损耗非常小。

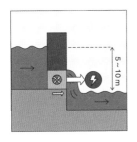 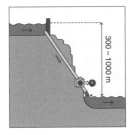 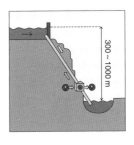

径流式水电站、蓄能式水电站和
抽水蓄能式水电站（从左到右）。

# 水能潜力评估

目前德国约有 7300 座水电站，它们产生的电力大约相当于 5 个燃煤电厂的电力。水力发电约占德国总发电量的 4%，考虑到其历史地位，这一比例其实是微乎其微的。换算下来，这相当于每人每天仅 0.7 千瓦时，连 1 名自行车手都不够。这不禁让人发问：水能在德国是否根本没有更多的潜力，或者我们忽略了对水能的持续开发？

按照目前的发展情况，德国水力发电的技术潜力已经开发了 75% 左右，水力发电的提升空间已经不大了。上文也提过，德国的水力发电所贡献的电量不会超过每人每天 1 千瓦时，因此德国水力发电的上限是每人仅 1 名自行车手，这个结果非常令人遗憾。

为什么贡献会这么小？我们来解释一下：已知德国每年的降雨量以及降雨的地点（即海拔高度），由此我们可以估算出德国所有降雨相对于海平面的势能——这就是我们可以从水中获得的能量的绝对上限。下面我们来仔细看看。

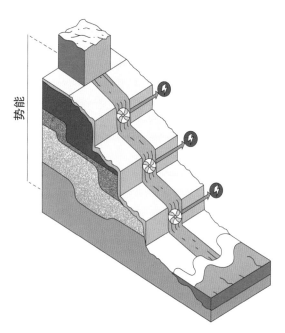

使用势能估算水力发电的最大能量（公式：m×g×h[①]）。

    举一个例子：如果一个地方一年的降雨量为 1000 毫米（mm），雨水被收集在一个 1 平方米的地方，那么一年过后就会有一个 1 立方米的"水块"。那么，这一年可用的最大能量是这个水块与海平面的势能。在德国，这个上限是每人每天 4 千瓦时，但这个上限是永远都无法达到的，因为各个大坝之间存在未利用的落差。此外，水只有经过一定坡度后才会汇入大河，这也是拦河坝值得修筑的原因所在。到那时，水位已经很高了。因此，德国的水力发电最多可以产生**每人每天 1 千瓦时**的电量，即只有**1 名自行车手**。

    如今，新建的水电站多是小型水电站，对增加总产量不太有帮助，而且会对水体产生负面的生态影响。这些小型水电站 90% 的发电量不及水力发电总量的 10%，换句话说，90% 的水力发电是由少数几家大型水力发电厂完成的。

---

①  mgh 是重力势能公式，公式中，m 表示物体的质量，g 表示重力加速度，g=9.8m/s$^2$≈10m/s$^2$，h 表示重力开始做功与结束做功的高度差。

顺便提一下，水能并不像人们想象的那样可以持续利用，它的变化虽不似风能和太阳能那样每天都有很大的波动，但持续观察几个月你会发现，水能也是有波动的。除此之外，降雨量也非常不稳定，这导致每人每天的能量会在 0.6 到 0.8 千瓦时之间波动，具体取决于相应年份的降雨量。

那么就姑且让我们将每人每天 1 千瓦时和 1 名自行车手添加到我们的能源对照表中吧。平时我们关于水能的讨论非常多，但这个结果或许会让很多人有些失望，你也是这么想的吗？但是有一点值得一提，水能不需要额外占用土地，因此在后文的结论中我们可以看到，模拟德国地图的长方形图中，水能不占用任何土地面积。

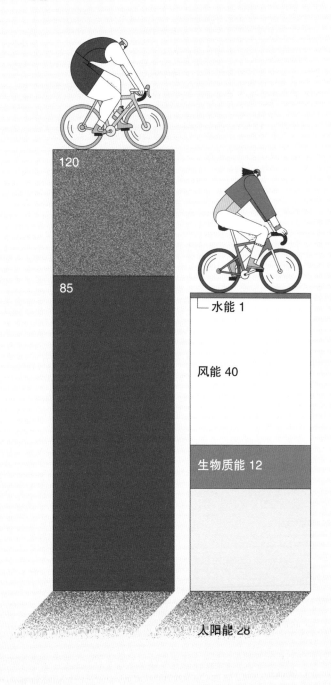

左侧的灰蓝色柱显示了在德国每人每天 85 和 120 千瓦时的能源需求。前者是我们的**最终**能源需求，后者是我们的**一次**能源需求。右侧对比的是可再生能源的可能贡献。

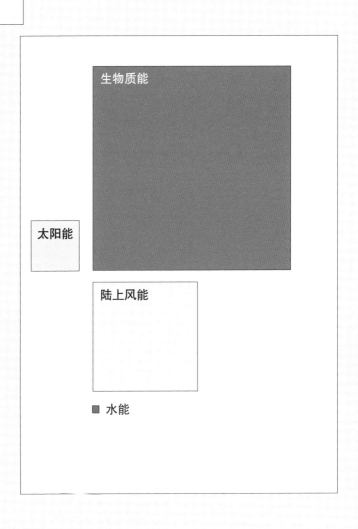

海上风能

生物质能

太阳能

陆上风能

■ 水能

在本章中，水能的贡献非常小，仅为每人每天1千瓦时，在图中所需的区域可以忽略不计。

# 水能

● 由于陆地上的海拔差异，雨水最终会流向大海，我们可以利用流水和落差，将水转化为能量。

## 可能的用途

● 过去使用开放式水车驱动磨坊，水能直接转化为机械能。

● 如今，我们使用封闭的涡轮机，让水流通过其中，然后产生电。这些涡轮机在将能量转化为电能时，效率高达 90%。

● 专用涡轮机可以将水往上抽，抽水蓄能式水电站就是利用了这一点：需要储存能量时，就往上抽水；而为了生产能量，就让水通过大管道向下回流。

## 当前的使用情况

● 径流式水电站利用大河流中的拦河坝，水位差高达 15 米。这种类型的水电站需要很大的水量才能有高产量。

● 山区的蓄能式水电站则利用巨大的水位落差，有时落差甚至超过 1000 米。

● 如果蓄能式水电站除上水库外，在电站出水口底部还有一个水库，则可用作抽水蓄能式水电站。

# 效率 / 空间要求

### ↑ 径流式水电站
径流式水电站所需面积很小，因为大湖通常不需要筑坝。

### → 蓄能式水电站
蓄能式水电站虽然有时会修建人工水库，但与生物质能、风能和太阳能相比，欧洲的蓄能式水电站所需土地面积通常比较少，三峡大坝、阿斯旺大坝或伊泰普水电站所需的面积非常大，但它们所产生的能量也特别多。

# 使用时间 / 储存要求

### ↑ 蓄能式水电站
就发电时间而言，蓄能式水电站非常灵活。抽水蓄能式水电站的一个用途就是用来储存能量，因此在任何具备地理条件的地方都能被广泛使用。

### → 径流式水电站
径流式水电站的拦河坝往往用于基本负荷发电。诚然，流量在很大程度上取决于降雨量。

# 生态影响

→ 水力发电不会产生有害物质，也不会污染土地，并且所需面积很少。不过，许多河流都需要拦河坝才能发电，而筑坝会从根本改变动植物的生存条件，特别是一些小型水电站，其微小的产量与其对自然的破坏往往不成比例。另外，建造抽水蓄能式水电站需要修筑大型水库，位置通常位于山区，这通常会改变当地地形。

# 国际潜力

↓ 只有在拥有大河流或高山，海拔差异很大的国家，如冰岛、挪威，水能才可以对电力生产做出重大贡献。总体而言，在全球范围内，水能的贡献上限为每人每天 1 ~ 3 千瓦时。

↑ 好      → 中等      ↓ 差

# 波浪能

一切运动的东西都带有动能，这也适用于在海洋中游荡并最终撞击海岸的波浪。这些波浪的能量，是由风赐予的。听到"能量"这个词，我们自然会竖起耳朵——难道我们不能在海浪到达海岸之前减慢它们的速度，从而获取它们的能量吗？这有可能吗？如果有，那又值得吗？

# 波浪能概述

波浪到底是在哪里形成的？又是如何形成的？其实波浪是风在浩瀚的海洋上掠过水面时形成的。当水面平静而光滑时，风很难冲击水面。但是波浪越大，风的冲击面就越大，这样风就可以将波浪沿着它们的路径推得越来越大。像大西洋这样的大海通常会产生长达数千千米的巨浪，浪高超过 1 米。而在地中海、波罗的海等面积较小的海洋的沿岸，海浪通常也比较小。

在世界各大海洋的沿岸，确实有数量相当可观的能量滚滚而来。平均而言，仅 1 毫米的海岸线每天产生的能量与我们的 1 名自行车手所能产生的能量一样多，即 1 千瓦时，那么可以推算，仅仅 1 米海岸线的能量就完全可以为几十栋房屋提供能源。

这听起来非常有潜力，然而不幸的是，有两个问题有待解决。首先，我们没有足够长的海岸线，如果我们将整个欧洲大西洋沿岸平均分配给欧洲的所有居民，每个人只能获得 0.5 厘米（cm）的海岸线。其次，世界上大多数海岸，比如面积较小的地中海、波罗的海等，潜力并没有北大西洋那么大，没有那么多的波浪能。在大部分大海沿岸，波浪能比大西洋至少小 5 倍。

大浪是波浪能电站的主要能量来源，它分别存在于南美洲、非洲和大洋洲的南部，还有靠近欧洲和北美洲的北大西洋以及北太平洋。不过更值得注意的是，世界上大部分的海岸线都不在以上所说的位置。所以，波浪能在那些海岸线的潜力微乎其微。

# 如何利用波浪能

从海浪中产生能量的方法有很多种，它们的不同之处在于发电站是直接建在海浪撞击的海岸上，还是建在离海岸远一点的大海中。共同点是所有技术都在试图将波浪的起伏转化为电能。所有技术都有一个相同的效果：当波浪能电站从波浪中提取能量时，电站后面的波浪高度（这里假设发电站不是直接建在海岸上，波浪高度即海岸和发电站之间的高度）低于电站前面的波浪高度。而如果波浪能发电的效率为 100%，那么波浪能电站背后的大海应该会像镜子一样光滑——所有的动能都会被发电站转化成电能。当然，这在技术上是不可能实现的。

不管波浪能电站如何工作，如果它能将传入的波浪能 100% 转化为电能，那么它的背后就不会再有波浪起伏，水面就会变得平滑如镜。

许多技术其实已经被开发出来了，但其中大部分最后因为种种原因又从市场上消失了。下图显示了当前正在研究的构想：通过所谓的漂浮物的上下运动，将波浪能转化为电能。在这个过程中，波浪会损失能量并因此失去高度。其他想要利用波浪能的实验构想也有很多，并且有着非常美丽的名字，海蛇（Pelamis）、牡蛎（Oyster）和波浪龙（Wave Dragon）等。但迄今为止，还没有任何想法通过实验阶段的各种测试，进入正式应用阶段。

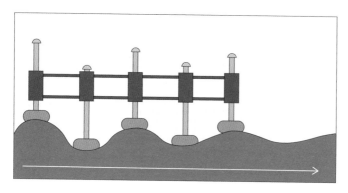

波浪能电站其中一个可能被实现的构想，其原理是：波浪的上下运动被转化为机械运动，而发电机利用机械运动来发电。

# 波浪能的潜力

欧洲的大西洋海岸线长度有整整 4500 千米，如果将其分配给欧洲的 7.5 亿居民，每人只能分到 6 毫米。让我们用一种乐观的态度来估计一下欧洲波浪能的潜力，假设欧洲 4500 千米的大西洋海岸线的一半，即 2250 千米的海岸线，被波浪能电站所覆盖，而这些电站的发电效率为 50%，那么将这些电能分配给 7.5 亿欧洲人，结果就是每人每天 2 千瓦时，即每人拥有 2 名自行车手。

关于修建波浪能电站所需的花费，其实并不算很多，只不过目前还没有这样高效的发电站。前文中所构想的波浪能电站的效率实际上都远低于 50%，因此它们只能将一小部分波浪能转化为电能，而占据 2250 千米的海岸线也是不现实的。因此，现实中的产量可能会远低于每人 2 名自行车手的理论数字。而在世界上其他地区，大部分的海面比欧洲的大西洋沿岸要平静得多，所以根本无法从海浪中获取任何能量。

这种能源在西班牙、英国和澳大利亚等个别地区可能会引起当地人的兴趣，但在全球范围内，波浪能无法对能源供应做出什么重大贡献，特别是对于德国来说，北海 ① 没有值得一提的贡献，所以很遗憾，我们不能在能源对照表中添加任何自行车手，该表保持不变。

---

① 北海是大西洋东北部边缘海，位于欧洲大陆的西北部，沿岸有 7 个国家：挪威、英国、丹麦、德国、比利时、荷兰和法国。

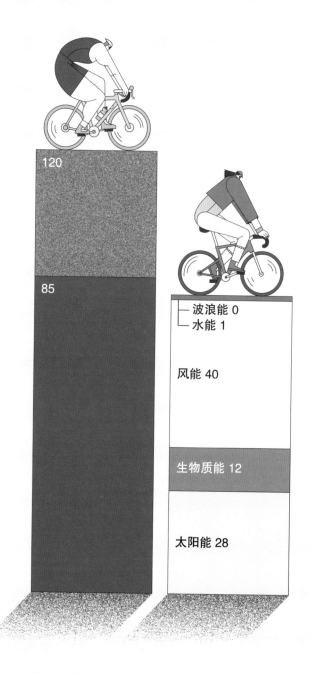

120

85

波浪能 0
水能 1

风能 40

生物质能 12

太阳能 28

左侧的灰蓝色柱显示了在德国每人每天 85 和 120 千瓦时的能源需求。前者是我们的**最终**能源需求，后者是我们的**一次**能源需求。右侧对比的是可再生能源的可能贡献。

海上风能

生物质能

太阳能

陆上风能

■ 水能

由于波浪能无法为德国做出能源贡献，所以我们的能源对照表中没有添加任何内容。上面显示各种能源生产所需相应土地面积的模拟德国地图也没有变化。

# 波浪能

● 波浪能利用的是水的动能，它可以散开并将其动能输送到数千千米外的海岸。波浪能来源于风，风在浩瀚的海洋上掠过水面，从而掀起波浪。波浪到达海岸的能量是巨大的，例如在北大西洋，每米海岸线平均可以产生 30 ~ 60 千瓦时的能量。

## 可能的用途

● 我们有多种技术方法可以将海浪的起伏转化为电能，发电站可以直接建在海浪撞击的海岸上，也可以在离海岸较远的大海中。发电设备必须能够承受最大的风暴，并且在正常海况下要足够灵敏，以便能够利用波浪能——这是一项技术挑战。

## 当前的使用情况

● 有希望成功利用波浪能的方法虽然存在，但许多开发相关设备的公司已不复存在，而这些方法所需要的技术也没有其他人再继续开发研究。世界范围内正在运行的波浪能发电站非常少，而且它们所提供的能量总和只有燃煤电厂的一小部分。

# 效率 / 空间要求

⊖ 为了对能源生产做出重大贡献，大片海岸必须全部覆盖波浪能电站。

# 使用时间 / 储存要求

⊖ 波浪能电站没有存储能力，能源生产直接取决于海况。

# 生态影响

⊖ 该技术尚未大规模投入使用，已经投入使用的也只是持续了很短的时间。潜在的问题是，会严重干扰沿海地区，由于缺乏经验，我们很难进行可靠的评估。

# 国际潜力

⊖ 适合利用波浪能的沿海地区少之又少。

尽管我们在研究中有寻求新的方法，但是，与风能、太阳能相比，即便我们最大限度地开发波浪能，并且改进技术，其能源产量还是会受到严重的限制。并且，波浪能只能在合适的地区为当地的能源供应做出重大贡献，无法在全球推广。另外，波浪能对技术的要求很高。只有在某些海岸，波浪能可能是值得开发的。

↑ 好        ⊖ 中等        ↓ 差

# 潮汐能

在海边度假的时候，尤其是在大西洋和北海，我们每半天就能看到一次潮起潮落。那么在这种情况下，被移动的水量有多大呢？这其中一定有很多能量，不过这种能量来自哪里？我们可以将其用于我们的目的吗？事实上，确实有潮汐发电站，它可以将潮汐的规律变化中的能量转化为电能，这可以解决我们的能源问题吗？

潮汐运动源于地球和月球之间的引力。月球的引力与地球上的物质相互作用之后，海洋中的水向着月球的方向堆积，在地球面向月球的一侧形成了一座水山，如第 93 页图所示。由于地球在 24 小时内绕着自己的轴自转，所以可以形象地说，我们在这个潮汐山下旋转：潮汐山变成了围绕着我们的星球运转的潮汐波。

然而，在地球背对月球的一侧，还有第二座潮汐山。这是怎么回事呢？

地球和月球相互吸引，但严格来说，月球并不是围绕地球旋转，而是两者在 4 个星期内（从满月到满月的一个月球运转周期所持续的时间）都围绕着一个共同的重心旋转，这个重心位于地球内部，因此地球在围绕这个重心的圆圈中"摆动"。这样导致地球背对月球的一侧对水产生离心力，而这一侧受月球的引力也较小，所以在这里形成第二座略小的潮汐山。

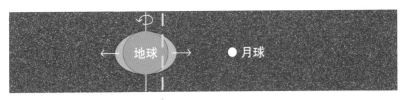

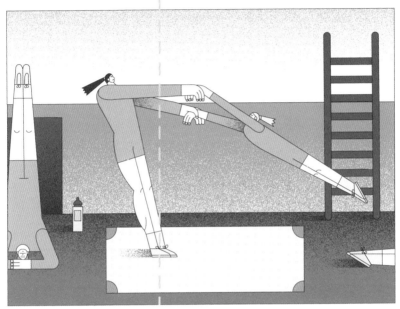

我们可以用"大手拉小手转圈圈（Engelchen flieg）"这个亲子游戏做一个形象的比喻，在该游戏中，孩子不是围绕母亲旋转，而是围绕他们共同的重心（虚线）旋转。正因为如此，不仅孩子"飞"了，妈妈的头发也飞了。同理，月球和地球也是围绕共同的重心旋转。而母亲的头发因向心力而向后甩飞，同样地，地球背离月球一侧的第二座潮汐山也是这样运动的。

　　两座潮汐山的水是从别处"引出"的，在两座潮汐山之间形成了低潮水谷，该水谷与地球到月球的轴线恰好垂直成 90 度角。由于地球每 24 小时自转一次，因此我们每天会经历两次涨潮和两次退潮，但并不是准确地每 12 小时一次，因为在此期间，月球在绕地球的轨道上移动了一点，这样的结果就是，涨潮和退潮每天会推迟大约 50 分钟。

## 地球和太阳也是相互吸引的

是的，太阳对潮汐也有影响，虽然太阳比月球大得多，也重得多，但它离地球太远了，所以，它对地球潮汐的影响只有月球的一半左右。这意味着，当太阳、月亮和地球成一条直线时（即满月或新月时），它们的引力会增加，并且会产生特别强烈的潮汐变化，即所谓的大潮。当太阳与月亮和地球成90度角时（即弦月时），它们的潮汐效应会部分地相互抵消，这就是所谓的小潮。大潮和小潮每周会交替出现。

但是，用潮汐山和潮汐谷来描绘地球还是有点不符合实际情况，因为在地球自转过程中，水会遇到障碍：陆地。这样的结果就是，各个海洋中的水就像一个碗里的水沿圆周晃动一样，主要积聚在各大洋沿岸，而海岸的形状又各不相同，因此，世界各地的潮差（高潮和低潮之间的高度差）变化很大。在波罗的海沿岸，潮差不到30厘米，在大西洋沿岸偶尔有10米以上，而在海中则为1米。潮差的最高记录在加拿大芬迪湾，潮差超过15米。两次高潮之间的时间间隔与位置无关，而是由月球和地球的自转规律决定，因此，我们可以假设所有海岸每天有两次潮汐。

那么，我们如何利用这些巨大水体运动产生的能量呢？基本上有两种技术：潮池和潮汐流发电站。

## 潮池

潮池的形成需要一个大海湾和水坝，通过水坝将海湾与大海隔开，在坝壁的一个地方嵌入一个闸门，并在该闸门中安装一个涡轮机，尽可能让海水在最高水位时通过涡轮机流入潮池。当潮池满了，等待退潮，让水再次通过涡轮机流出。

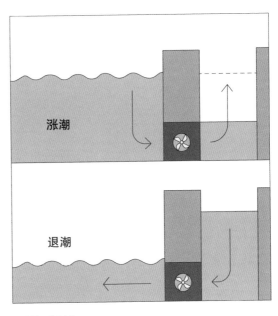

潮池的工作原理

当然，大型潮池必须使用多个涡轮机，由涡轮机完全引导那些从低潮到高潮的巨大水流，涡轮机再驱动发电机，将水的能量转化为电能。

这种潮汐发电站通常建在有海湾或河口的海岸上，这些海岸上可以找到天然潮池或适合建造人工潮池的地方。与河流或水库中的水力发电站不同，潮汐能并非全天均匀可用，而是大约每 6 小时可用一次。这种类型的潮汐发电站已经存在，但规模上值得一提的只有两座，其中一座是法国的朗斯潮汐电站，位于法国布列塔尼的朗斯河口，1967 年开始投入使用，另一座是韩国的始华湖潮汐发电站，2011 年开始投入使用。

波罗的海沿岸（右）、北海沿岸（中）和大西洋个别位置（左）
的潮差对比

## 这样一座潮汐发电站能提供多少能量

让我们通过具体数据来感受一下一座潮汐发电站可以产生多少能量：
在一个面积为 1 平方米、潮差为 1 米的潮池中，24 小时（即两次涨潮和
两次退潮后）可以获得 5 瓦时的能量，即仅 0.005 千瓦时，尽管在此期
间有 1000 升水两次流入和流出该潮池，但获得的能量真的很少。如果潮
差是 10 米，那每天的能量就是 0.5 千瓦时，也就是原来的 100 倍。因此，
潮差的高度具有双重决定性。一方面，10 倍的高度意味着 10 倍的水流
过涡轮机；另一方面，高度对涡轮机的水压至关重要，而水压又决定了
每升水的可用能量。所以，对于潮汐发电来说，最重要的影响因素是潮
差大小，其次才是潮池的大小。但遗憾的是，世界上潮差在 10 米以上的
地方并不多。不过，如果能够合理利用的话，也许 10 米以下的潮差也足
够了？这一点我们还会再进一步评估。

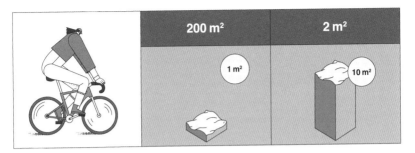

一个潮池必须有多大才能产生与自行车手一样多的能量呢？这取决于潮差。如果潮差只有 1 米，则需要一个面积为 200 平方米的潮池，才能每天生产 1 千瓦时的能量；如果潮差为 10 米，则潮池的面积只需 2 平方米。

## 潮汐流发电站——水下"风力涡轮机"

让我们看一下另一种利用潮汐能发电的技术。比如，当北海的水位因涨潮而上升时，水必须从某个地方来，并且在退潮时又从某个地方流回去。由于欧洲大陆和大不列颠岛南部之间有连接大西洋和北海的海峡，水以相当快的速度来回流动，有时可以达到 10 千米 / 时。在这些海峡中，可以放置类似风力涡轮机的设备，只不过这次是放在水下，这就是所谓的潮汐流发电站。在苏格兰北部有这样的发电站。

这是一座利用潮汐流能量的潮汐流发电站。

大量的水不断地移动，它们的总能量是巨大的，关于潮汐能的这一切听起来很有希望，那么实际上有多少能量可以为我们所用呢？

现在可以明确的是，要利用潮汐能，关键是要有尽可能大的潮差以及通过海峡的快速潮汐流。然而，如前文所述，潮差和潮流速度又取决于地理位置和海岸的形状，所以潮汐能的前景也会因此受到一定程度的限制。

### 德国的潜力

我们再来看看德国的情况。在易北河河口，潮差约4米，如果我们用围墙围住整个易北河和威悉河河口，就会形成一个面积达500平方千米的潮池。但即便如此，分布在整个德国的潜力也仅为每人每天0.5千瓦时，即半个自行车手，如果将不可避免的损失考虑在内，那还要大幅减少。结论就是，要实施这一计划，所需要的空间很大，然而产量又明显低于相同面积的光伏发电。我们一开始的设想很美好，不幸的是，潮汐发电并没有像我们设想的那样能够提供很多能量，并且在德国也根本没有可供潮汐发电站使用的场地。德国其实没有合适的位置建造潮池。从理论上讲，威悉河河口和易北河河口是可以分开的，比较适合建造潮池，但是这么做将严重阻碍汉堡港和不来梅港的航运，而且开发费用与可能获得的收益不成正比。

## 全球潜力

在全球少数合适的地点，潮汐能的功率估计约为 60 吉瓦（GW）[①]，相当于 60 座燃煤电厂，这意味着全球的潮汐能发电量甚至无法满足德国一个国家的电力需求。尽管关于潮汐发电站的讨论已经持续了一个世纪，而且法国朗斯河口的第一座潮汐发电站于 1967 年就已经开始投入使用，但迄今为止，全球潮汐发电站的装机容量仅为 0.5 吉瓦，大约相当于半个燃煤电厂的功率。总之，潮汐发电站只会给当地做出较小的贡献，但永远无法在全球能源生产中占据较大份额。

潮池也有一个问题：拦水大坝会极大地改变周围的生态系统。它们会缩小河口的潮差，阻碍向公海输送的沉积物和泥浆，从而导致大量淤积；并且也会影响到鱼类，为了让鱼更容易通过发电站的大坝，需要特殊的设备；另外还必须找到方案解决航运问题。或许在个别地方，潮汐发电站能为能源供应做出贡献，但在世界范围内，这样的地点非常少，而在德国，正如前文所说，根本就没有。为了对全球能源供应做出重大贡献，我们需要更多拥有大量涡轮机的水下发电站——这一点类似于风力发电站，只不过是在水下进行。

很遗憾，在德国，潮汐能不能为我们的能源对照表做出任何贡献。所以，和波浪能一样，潮汐能也无法让第 100 页图中右边的柱子升高。但是，我们的评估还没有结束，后面还有一些能源。

---

① 1吉瓦=10亿瓦=1000兆瓦=100万千瓦。

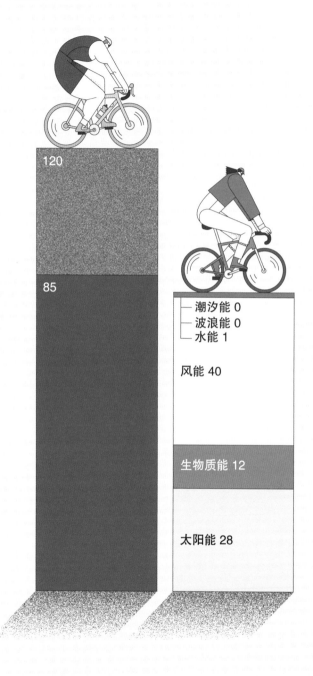

左侧的灰蓝色柱显示了在德国每人每天 85 和 120 千瓦时的能源需求。前者是我们的**最终**能源需求，后者是我们的**一次**能源需求。右侧对比的是可再生能源的可能贡献。

在德国，潮汐能无法做出任何贡献，所以我们的能源对照表中没有添加任何内容。相应地，上面显示各种能源生产所需相应土地面积的图也没有任何改变。

# 潮汐能

● 由于海洋中水位的变化，潮汐提供了大量的动能和势能。潮汐是由月球与地球之间的引力，以及太阳与地球之间的引力产生的，并最终因地球自转而形成。

## 可能的用途

● 为了利用低潮和高潮时不同水位，也就是潮差的势能，我们将水拦截在潮池中，然后通过涡轮机将水排出，在此过程中涡轮机会生产电能。

● 潮汐发电站使用涡轮机将潮汐流的动能转化为电能，类似于风力发电，但是在水下进行的。

## 当前的使用情况

● 由于全球范围内适合开发潮汐能的地点很少，所以，潮汐能几乎没有被开发利用，全球的潮汐能发电站总共只有 0.5 吉瓦的装机容量，即半座燃煤电厂。目前，世界上有两座重要的商业潮汐电站在运行，一座在法国，一座在韩国。

# 效率 / 空间要求

### ⊙ 潮池
与水力发电一样，涡轮机的效率通常都很高，但潮池所需的空间也非常大，因为潮差普遍较小。

### ⊙ 潮汐流发电站
潮汐流发电站的效率与风力发电站相当。由于与空气相比，水的密度要高得多，所以，就相同规模的发电站而言，即使水的流速较低，潮汐流发电站的能量产量也还是要高于风力发电的。然而，如果要生产大量能源，就需要配备了大量涡轮机的大型"电场"，类似于风力发电场。

# 使用时间 / 储存要求

⊙ 潮汐能的能源生产，局限在于一天内的能量只能按小时计算，因为发电必须严格遵循潮汐的规律，优点是这些时间我们可以提前预测，并且绝对可靠。

# 生态影响

⊙ 利用潮汐能发电对海洋生物的影响很大，海岸也会发生重大变化，尤其是建造潮池，沿海景观和生态系统的变化会很大。

# 国际潜力

⊙ 世界范围内，仅有很少的沿海地区拥有大潮差和大面积有利的地理位置，适合建造潮池。同样，具有高流速的海域也很少。据估计，全球潮汐能的总和上限是 60 吉瓦（即 60 座燃煤电厂）。因此，潮汐能只能在极少数沿海地区对能源供应做出贡献。

⊙ 好　⊙ 中等　⊙ 差

# 地热能

听到地热这个词时，我们马上就会想到冰岛。热气腾腾的温泉，充足的热量，为冬季人们的日常生活供暖。事实上，地球内部储存着大量的能量，足以供人类使用数十亿年，这听起来很有希望，但是真的可以大规模利用这种能量吗？

# 地热能概述

在由液态铁组成的地核中，温度高达 6700 摄氏度，所以我们脚下其实拥有巨大的能量储备。但是因为各种原因，我们无法从核心处获取这种能量。一方面，我们还从未成功钻探到超过地面 12 千米的深度。到目前为止，我们只是在探索地球最外层的地壳，它的厚度达 70 千米，离地核还非常非常远，从 2900 千米的深度开始才是地核。另一方面是地核的温度极高。我们要知道，即便是钢，在 1500 摄氏度时也会熔化，如果我们正在使用的钻头和管道熔化，那么就不可能有进一步的进展了。当前的情况是我们无法接近温度为 3500 摄氏度的地层，所以我们不得不满足于低得多的温度，目前的钻探深度一般为 7 千米，温度为 200 摄氏度。

不同的地层：最外层的地壳深度达 70 千米，那里的温度已经高达 500 摄氏度。然后是上地幔（棕色）和下地幔（橙色），直到约 2900 千米的深度，温度高达 3000 摄氏度。地球的液态铁芯（白色）温度高达 6700 摄氏度。这张图片中未显示的有史以来钻出的最深的钻孔，深度为 12 千米。

幸运的是，我们的地球并非毫无突破口。在一些地方，比如火山区，保温层很薄，大量的高温热量直接来到地表，并被就地利用，冰岛就是一个例子，其地下的温度有时可以达到300摄氏度。然而，这样的地方很少。但这些蕴藏的热量远不足以为人类提供大量能源，即使在冰岛，也只有25%的电力来自地热能，剩下的75%来自水力发电。

在没有火山的地方，一般规律是，地表温度为10摄氏度，深度每增加100米，温度增加3摄氏度。100摄氏度以上的温度对于地热能来说才是可以利用的，并且最好是在含水层中，因为这样比较容易提取热量。如果是在冰岛以外的地区，想要达到这样的温度，意味着要钻到几千米的深处。

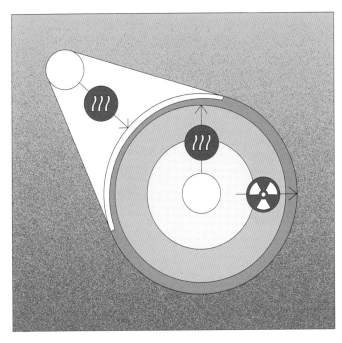

我们所使用的地热能：一种是自古以来就储存在地球内部的热量，它会慢慢地上升到地表，另一种是地球各个地层的永久放射性衰变产生的热量。就我们所用的深层地热能的热量而言，以上两种热量各占一半。地球外部也会有能量使地球升温，即来自太阳的能量。图中不同的颜色表示不同的地层。

我们是否真的有必要钻探到地球深处？地心的热量会自动上升到地表并辐射到太空吗？如果你对这些问题感到疑惑，那么我来告诉你，你的想法没错。热量在上升过程中就会因为各种原因被阻隔随后冷却，这就是地球在过去45亿年中的冷却方式。但是问题在于，如果只有极少的热流到达地球表面，那我们根本无法有效利用它们。地壳简直就是一个最好的隔热层，要知道，太阳从上方传递到地表的热量，是地心到达地表的热量的2000倍，这也是地球冷却速度极慢的原因。

# 如何利用地热能

### 深层地热能

钻探深度达地下几千米就可以称为深层地热能了（芬兰的纪录为6.4千米）。在某些区域，温度可达100摄氏度以上。

在德国，慕尼黑周边地区很适合深层地热能，下面我们就来观察一下。在这里，要达到110到150摄氏度的温度，必须往地下钻大约3到4千米，然后会遇到含水层。在这样的温度下，可以通过类似于燃煤电厂的蒸汽化过程将提取的一部分热量转化为电能，剩余的热量用于供暖。如果钻探深度只有2到3千米的话，温度为80到130摄氏度，这样的温度虽然不适合用于发电，但这些热量用于供暖就很合适，不过这需要一个远程供暖系统，以便将热量输送到每家每户。

### 近地表地热能

如果我们钻得比较浅的话，那么到达的位置应该就处于所谓的近地表地热区。在这个区域，深度约400米，温度却通常只有10到25摄氏度。取暖器中的流水温度往往都超过60摄氏度，甚至地暖中的水温也有30到40摄氏度。那么这该怎么办？

解决这个问题的技术是热泵，这种技术同时也用于冰箱和空调，只不过这里的效果与冰箱和空调相反。它可以"提升"热量的温度，举个例子，如果你想让一间原本就有供暖的屋子更温暖，那么就可以使用热泵。但是这意味着我们需要将额外的电力分配给热泵，让它工作。

令人惊讶的是，这个过程中，我们需要的电力比之后额外获得的热量要少，这听起来像是永动机，但事实其实并非如此。这是因为电能并没有转化为热能，而是热泵将热量从另一个容器中提取出来并通过电力"泵入"房屋。打个比方：我们使用近地表的地热能，从15摄氏度的地下水中提取热量，在此过程中地下水的温度会稍微下降一点，然后我们将提取的热量泵入房屋中，使热水升温到40或60摄氏度。要完成这个过程，我们需要电力，而且"温差"越小，即地下水和房屋内热水之间的温差越小，这个过程的效率就越高，我们需要的电力也就越少。

通过最优化的使用，可以将1千瓦时的电力转化为高达5千瓦时的热量——这是一笔非常划算的交易！1名为热泵供电的自行车手为房屋带来的热量，就相当于等同于5名自行车手为电暖器供电的热量。

所以在钻探深度比较浅的情况下，热泵也能派上用场。如果想用热泵为单户或多户住宅供暖，最多只需要钻100米，这个深度的地下温度一般是11至15摄氏度。但通常这个温度仅仅只能在采暖季节开始时维持住，在大多数情况下，地下的热量无法像热泵提取的热量那样迅速回流，在采暖季节结束时，地下的温度往往只有5摄氏度。

如果你想完全省去钻探这一步也是可行的，我们可以直接将外部空气用作储热器，然后用空气源热泵从周围的空气中获取热量，并用它来为房屋供暖，周围的空气会因此变得更冷，而屋里会变得更暖和。不过在冬天，当室外温度为零下10摄氏度，室内温度为20摄氏度时，使用热泵就不再特别有效了。当然也很少会有那么冷的情况，只是在此说明一下。此外不要忘了，我们也需要用提取的热量来给水加热，因为一年四季的日常生活都需要热水，所以空气源热泵在夏季也特别有效。

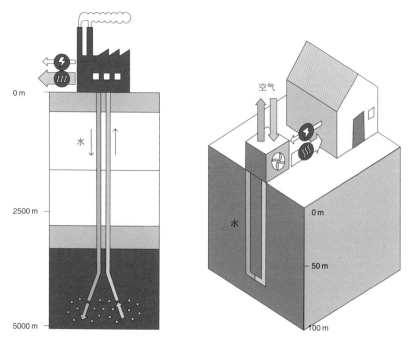

左图显示了一个商业发电站的工作原理，该发电站利用地热能提供远程供暖系统并发电。右图是一栋由热泵供暖的独立式住宅，热泵的热源要么由井下换热器提供，要么来自空气中，但要注意的是，实际情况中热源只有一种，并非如图所示的两者兼有，并且这两种情况中，热泵都需要电力来运行。

## 地热能的局限性

虽然地热能看起来非常有潜力，可惜它也有局限性。因为无论我们钻多深，所有利用地热能的方法都有一个共同点：从一个地方提取的热量是有限的。我们提取了一个地方的热量，相当于冷却了地下的一个区域，必须等待它回暖，而这个回暖的过程可能需要数月、数年、数百年甚至数千年，具体时间取决于地下储热库的大小和深度。

在夏天，地球表面最浅层几米的地方，往往又会被太阳加热，然后供我们提取，但我们提取热量有一个原则——必须比明年夏天太阳提供的热量要少。再往地球深处走，回温会需要更长的时间，因为很少有热量从地球内部或地球各层的放射性衰变中渗入。所以，我们所进行的热力开采一定会在某个时候，将某一个区域的热量耗尽，至少目前在许多热量提取点的情况是这样，之后几代人都无法再利用那个区域的地热能了。

不过也有例外，使用空气源热泵所需要的是室外空气，而空气是取之不尽的，所以在为现代房屋供暖这方面，空气源热泵会被广泛使用。

地热能是一个相当宽泛的话题：从大型地热发电厂（从几千米的地下深处提取高温热量，为整个社区提供电力和热量）到小型热泵（从周围空气中吸取热量为独栋住宅用户供热）。那么在德国这样的国家，地热能的潜力有多大呢？

来自地球深处的热量可以用于供暖和发电，并且不含二氧化碳。遗憾的是，这样一件伟大的事情只能在世界上少数几个地方大规模实施。

# 地热能的潜力

我们已经了解到，尽管地球内部储存了大量的热量，但要获取这些能量却是极其困难的：在地壳中钻几千米并不容易，利用近地表的地热能也会受到限制，使用热泵还必须用电，每年夏天从地里提取的热量不能超过第二年夏天的供应量。但我们还是要问：到目前为止，我们在地热能方面取得了什么成就？

## 德国现状

德国有大约 40 个深层地热能项目，几乎全部位于巴伐利亚州的慕尼黑周边。在那里，钻探深度通常在 2 到 4 千米之间，开采的热泉温度在 60 到 150 摄氏度之间。总的来说，目前从地热中提取的能量有大约 10% 用于发电，90% 用于供暖。因此，在德国，地热能当前对于电力的贡献是每人每天不到 0.01 千瓦时，而远程供暖系统的贡献约为每人每天 0.1 千瓦时，即每人对电力的贡献明显少于 1 名自行车手。

此外，目前德国有 40 多万个钻探深度不超过 400 米的井下换热器和 50 多万台空气源热泵。目前，空气源热泵已经是新建筑的标配。它可以提供的热量为每人每天 0.5 千瓦时，即每人拥有 0.5 个自行车手。考虑前文中所提到的可再生能源，到目前有近 20 名自行车手为每个德国居民提供暖气和热水，所以 0.5 个自行车手几乎是微不足道的。

地热能目前的贡献是一目了然的，那么在未来它会如何发展呢？

## 专家对深层地热能的未来有何看法

在一项关于深层地热能的大型研究中，专家们对德国国土下方的可用地热能总数进行了估算，这项研究数据表明，地热能发电的成本太高了，可能只有将废热送入远程供暖系统，地热能发电才是经济实用的。在这些限制条件下，德国深层地热能的潜力是**每人每天 0.3 千瓦时的电力**，以及**每人每天 4 千瓦时的热能**。因此，从理论上讲，深层地热能未来可以提供的能量相当于**每人拥有 4 名自行车手**。

其实还有另一个难题，一千年后，这种地热能已经被耗尽，到那时，地面已经冷却到必须再等待数千年才能回暖，重新积聚热量。对于人类来说，数千年，是一段非常漫长的时间。

## 近地表地热能的潜力

在地热能的潜力这一点上，我们想再次大胆地设想一下。可用于空气源热泵的空气储存基本上是无限的，所以，这里的问题是热泵的热量需求在未来会有多大？除了新建筑外，目前使用燃气和燃油供暖的、隔热良好的房屋也可以使用热泵。目前，用于家庭取暖的石油和天然气需求约为每人每天 12 千瓦时，不过随着将来房屋隔热效果变得更好，这种需求会下降。因此，我们假设，如今用于供暖的一半的油气需求在未来由热泵来满足，那就是每人每天 6 千瓦时。减去使用的电力，热泵可以为能源生产贡献大约每人每天 4 千瓦时的净能量，即每人 4 名自行车手。

## 这些结果说明什么

在未来，热泵一定会在供热方面发挥重要作用。不过在供电这块，贡献就不会太大了。这意味着地热能的贡献与风能、太阳能这些可再生能源不在同一个量级上，但另一方面，它可以更稳定地提供能量。另外，我们必须考虑到电力问题，未来大量热泵的运行会需要很多的电力，而这些电力又必须由其他可再生能源提供。尽管如此，对于可再生能源的贡献来说，使用热泵供暖仍然是一个理想候选方案。

地热能为我们的能源对照表带来了又一次飞跃——我们可以增加 8 名自行车手，深层地热能和近地表地热能各 4 名。而且地热能还有一个优点：开发地热能基本上不需要利用地球表面的土地，因此，我们不必在模拟德国地图上注明任何土地需求。

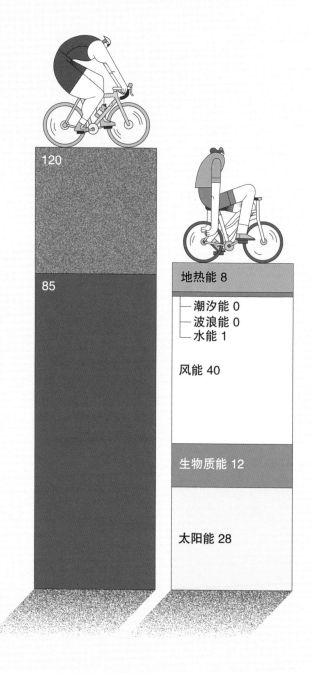

左侧的灰蓝色柱显示了在德国每人每天 85 和 120 千瓦时的能源需求。前者是我们的**最终**能源需求，后者是我们的**一次**能源需求。右侧对比的是可再生能源的可能贡献情况。

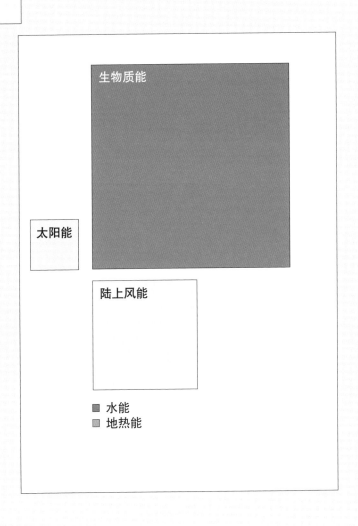

在本章中，我们可以每人每天至少增加 8 千瓦时的地热能，分别来自深层地热能和近地表地热能，各 4 千瓦时。并且如上方的模拟德国地图所示，地热能不需要利用地表土地，所以在这里土地面积可以忽略不计。

# 地热能

● 大量的能量以热量的形式储存在地球内部，这种热量包括地球形成时期的余热以及地壳中不断发生的放射性衰变所形成的热量，另外还有靠近地球表面的部分因太阳照射而增加的热量，空气中的环境热量也被我们考虑在内。

# 可能的用途

● 如果深层地热能的水温超过 100 摄氏度，则可以利用这些热能发电，余热可用于远程供暖。

● 对于水温在 100 摄氏度左右的深层地热能，其热量可以直接用于供暖，但不能用于发电。

● 提取近地表地热能通常使用热泵，热泵可以利用 5 ~ 15 摄氏度范围内的地面温度。如果使用空气源热泵，则是利用室外的空气温度。热泵可以让温度提升，以用于供暖，但热泵的运行需要电力。

# 当前的使用情况

● 在条件特别好的地方，例如在冰岛和印度尼西亚，地热能被用来发电。但即使在冰岛，也只有 25% 的地热能用于发电——冰岛人口仅 35 万。在德国，大多数地热发电厂都位于慕尼黑地区，它们对供暖贡献较大，对发电的贡献很小。因此，无论是在德国还是在世界范围内，地热能的总体贡献仍然很小。

# 效率 / 空间要求

### ⊙ 深层地热能
深层地热能的收益很大程度上取决于地下的温度。基本上，发电效率相对较低，如果没有后续的余热再利用，则是没有效率的。深层地热能特别适用于远程供暖系统，它所需的地表面积非常小。然而，在地下，钻探范围目前只能达到十几千米。

### ⊙ 近地表地热能
地热探头和空气源热泵只需要地表上的一小块区域，不过运行热泵需要耗费电力，通常 1 千瓦时的电力可以生产 3 ~ 4 千瓦时的热量。

# 使用时间 / 储存要求

⊙ 开采深层地热能的热量可以不受时间的限制，在水温高的情况下也可以发电。近地表地热能的利用在时间上也是灵活的。

# 生态影响

⊙ 一般来说，地热能对生态的影响很小，但也是有风险的。在深入钻探时，将水引入先前干燥的地层后，在相应的地质条件下可能会造成隆起。另外我们还观察到有一些小地震可能也是钻井引发的。

# 国际潜力

### ⊙ 深层地热能
虽然从理论上来说，地热能的潜力巨大，但目前全球仅在个别地区才有技术上可行、经济上有利可图的深层地热资源开发项目，这可能只能满足世界能源需求的一小部分。

### ⊙ 近地表地热能和空气源热泵
热泵具有很大的潜力，空气源热泵的潜力甚至是不受限制的。然而，使用热泵需要电力，很明显电力只能由其他可再生能源提供。在未来，低热耗的现代住宅，空气源热泵可能会成为标配。

⊙ 好　　⊙ 中等　　⊙ 差

# 其他能源

在前面的章节中，我们已经讨论了很多被大家熟知的可再生能源。那么是否还有其他更好的想法呢？这些年来，我们不断听到有关革命性技术和全新能源的消息。未来是否可能不需要那么多的风力涡轮机和光伏设备呢？让我们再来探索一下其他的可能性。

# 还有哪些可再生能源

### 海洋温差发电

在深海，水温很低，一般只有几摄氏度，而在浅海非常温暖的地区，温度高达30摄氏度，这个温差可以用来发电。每一座燃煤电厂、燃气电厂、核电厂的运作原理其实都是如此，一方面是燃烧室的温度，另一方面是冷却水的温度，利用这两者的温差发电。海洋温差发电的想法也是基于此，但是，效率取决于温差的大小，而整个过程通常只有在温差为 100 摄氏度或更大的情况下才值得，而海洋中不存在这么大的温差。

另一方面，在一些非常温暖的地区也可以利用温差发电，例如夏威夷周围的太平洋，海水温差在 20 ～ 25 摄氏度。如果温差比较小，那么至少得有大量的海水，而提供大量海水成本很高，这就是为什么多年以来，

不同海水层之间的温差可以用来生产能量。

夏威夷利用海洋温差发电的试验虽然取得了一定的成功，但收效甚微。这一设想的难点在于，在一年的时间里，海洋上有时会有极端恶劣天气，比如猛烈的风暴，而这样的发电厂必须承受各类天气，每种设备都必须能够抵御世纪风暴，才能成功发电。

这个设想只有在世界上极个别地区才能实现，其他地方是没有任何前景的，尤其是在我们的波罗的海和北海地区，该设想不可能产生任何能量。

## 洋流发电

世界上有各种各样的洋流，这里我们拿墨西哥湾流举例，该湾流的水从加勒比海流向北冰洋，水的运动所产生的能量是巨大的，但是如果利用这种能量会有一个问题：大规模地利用这些能量会导致墨西哥湾流速度减慢，可能会对欧洲的气候造成灾难性影响。

我们来估算一下，如果不考虑气候因素，墨西哥湾流有多少能量是实际可用的，得出的结果是：对美国当前电力需求的贡献可达5%。这个

使用水下"风力涡轮机"，如果水流足够
强劲，可以从水流中获取能量。

数字不多也不少。像墨西哥湾流这样的洋流并不多，其他可利用的洋流中，直布罗陀将是一个可能的地点，因为海水不断地从大西洋流入地中海，但即使在这种情况下，产量也只能满足西班牙需求的一小部分。

因此,全球只有少数几个地方可以利用洋流发电,并且其贡献并不多,但对气候的风险却很高。对于德国来说,没有任何潜力。

## 洼地发电

一个国家如果有一片低于海平面的沙漠地区,就可以铺设一条输水管道,让水从大海流向那里,通过落差发电,就像山区的蓄能式水电站一样。流过去的海水就在沙漠里蒸发。可惜适合这种技术的地点极少。全世界范围内,死海是最合适的,因为少了来自约旦河的补给,这个盐湖每年都会下降近 1 米的高度,最终将会完全干涸。顺便一提,如果想拯救死海,我们可以从红海中引水,目前该计划正在讨论中。由于死海水面低于海平面 400 米,将其与洼地发电联想起来很合理,但能源产量只有 0.5 吉瓦,即 1 座燃煤电厂 50% 的产量,这个数字对于以色列和约旦来说,都已经是不需要讨论的项目了,而全球适合洼地发电的其他地方就更少了。同样,洼地发电对于德国来说,也没有任何潜力。

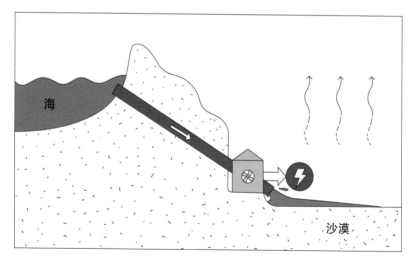

如果沙漠低于海平面,可以利用洼地电厂来发电。

## 渗透能发电站

渗透能发电站的想法非常新奇，它的原理是，薄膜将盐水与淡水分开，由于浓度不同，薄膜两侧就形成压力梯度，当淡水通过这种特殊的薄膜流向盐水时，这种所谓的"渗透压"就可以用来发电。有了这个想法，所有流入大海的河流都是渗透能发电站的候选者。

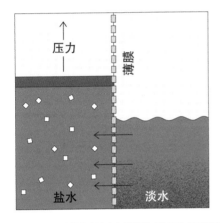

被薄膜隔开的盐水和淡水之间所形成的压力差可用于发电。

然而，渗透能发电站要求河流的水质必须非常清澈干净，否则薄膜会在几秒内堵塞，这样一来，大多数河流会立马被淘汰，剩下符合条件的河流中，我们可以选择挪威的河流举例。在那里，人们对这种发电可能性进行了几年信心满满的研究，但研究结果表明，很难确保薄膜在极大一块面积上发挥作用的同时还不破裂。并且，这种发电站只能利用一部分河水，不然，船舶、动物和植物要如何在海洋与河流之间自由通行呢？

在明确运营此类发电站无法获得经济效益之后，挪威的项目被终止了。在德国，唯一可能建设渗透能发电站的地点是易北河河口，但这里能生产的最大能量为 0.05 吉瓦，即 1 座燃煤电厂 1/20 的产量。换算成我们的单位，就是每人每天 0.01 千瓦时。因此，我们可以肯定，德国渗透能发电站的潜力为零。

## 上升气流发电

上升气流发电是太阳能发电站的一个有趣变体，是太阳热能和光伏发电的替代品。我们可以在阳光充足的地方建造一大片类似温室的设备，并在中间放一个大烟囱，烟囱的高度为 1500 米，烟囱内安装一个涡轮机，并且烟囱周围覆盖的面积也非常广，假设 25 平方千米的区域都被加顶覆盖。覆盖区域下的空气由于太阳的照射而升温并流向烟囱，然后快速上升，这时旋转上升的空气通过我们在烟囱里面安装的巨大涡轮机，从而达到发电的目的。

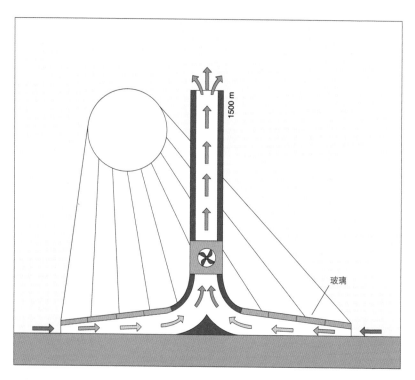

和太阳热能、光伏发电类似，上升气流发电也是
利用太阳能发电。

假设覆盖区域的面积相同，上升气流发电的发电量其实也是低于光伏发电的，但这项技术的成本或许比光伏发电低。上升气流发电有一个巨大优势，在日落后几个小时仍然可以发电，因为地面可以作为一个巨大的热量储存器，而光伏发电在日落后就"休眠"了。但是上升气流发电的缺点也很明显，发电效率低，另外它的设备所覆盖的区域基本不能有其他的用处了，尽管在某些沙漠地区这可能不是太大的问题。

总结来看，上升气流发电是太阳能发电的一种，和光伏发电类似，但效率更低。这不是一种新能源，只是一种新的技术，所以，我们在前文中对太阳能的评估不会有任何改变。此外，德国也没有合适的地点来建设上升气流发电厂。

## 高空风力发电

高空风力发电类似于放风筝，就相当于用一根很长的绳子放一只巨大的风筝，并用它生产能量，这个大风筝就是高空风力发电机。牵引这只大风筝的绳子可达数百米长，这种发电机的设计构想有两种，一种是发电系统由螺旋桨和发电机组成，电流沿着绳子向下传递；另一种是将发电机留在地面上，利用绳子的拉力来发电。与传统风力涡轮机相比，高空风力发电机有两个优点，第一个优点是所需材料更少，第二个优点是风筝可以爬到很高的地方，那里的风速更大。但这种发电方式也有一个问题，必须保证高空风力发电机永远不会坠落，这需要在设计时非常严谨，容错率极低。

与上升气流发电类似，这一设想是一种已经在使用的能源（即风能）的替代技术。在本章的所有案例中，高空风力发电可能是最具发开潜力的设想。但是，目前还没有证据表明这个设想完全可行，并且目前在成本方面也比较高昂，无法与传统的风力发电竞争性价比。像谷歌这样的大公司曾短暂地参与过该项目研发，并在开发上投入了大量资金，但后来又退出了。当然显而易见的是，在未来，如果想要有很高的能量产出，那么这种类型的设备是必不可少的。在德国，该设想也无法开发出新的能源，而只是会取代现有的发电技术，所以高空风力发电并不会改变我们最初对风力发电潜力的评估。

还有另一种利用风力发电的设想，那就是在风中抖动的柱子。这听起来很靠谱，于是我们马上燃起了希望：用柱子替代三叶风力涡轮机。从视觉上看，这些柱子会比涡轮机更加美观。然而，这个设想需要考虑的问题很多，比如现有的小型试验设备效率如何，声音有多大以及是否可以扩大，即它们在技术上是否可行。这些柱子的间隔比风电场的涡轮机要小得多，为了获得与涡轮机相同的产量，我们同样需要更多的柱子。同样，这个设想充其量只是能替换现有的技术，而无法挖掘出任何新的可再生能源。

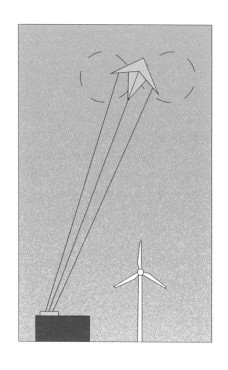

高空风力发电也是利用风能，只是发电方式与传统的风力涡轮机不同。

现在，我们来总结一下其他有关可再生能源生产的想法。上述案例都是目前为止我们从这个类别中选择的最重要、最可能实现的设想，当然这里并不是全部，可能也会有一些遗漏。那么所有这些案例的结论是什么呢？

# 没有新能源——只有新技术

在本章的引言中，我们曾提出一个问题，是否还有其他可再生能源可以代替如此多的风力发电站和太阳能发电站？可惜答案令人失望：没有其他可再生能源可以提供大量能量了，因为我们无法发明新能源。

人类历史上发明了各种各样的东西，包括发明了很多利用风能和太阳能等已知能源的新技术，比如我们在光伏发电中使用的光电效应。但除了偶尔通过核裂变等方式"开发"全新的能源，能源还从未被"发明"出来过。地球上没有其他新能源，也没有永动机。能量不能无中生有，只能从其他来源中转换得来，例如太阳热能、地热和原子核。核聚变也不是一种新的能源，而是一种从原子核中产生能量的新技术，只是目前该技术还无法投入使用。

所以，当有人谈论一个革命性的新想法时，我们应该首先考虑它背后的能量来源。看看是不是太阳能、波浪能或者风能？如果是的话，这项新技术是否比现有的技术更有效或更省钱？无论如何，在我们的案例中，即使使用新技术，我们还是需要许多的设备来获取一定的能量。然而不管使用什么技术，我们从 1 平方米的阳光照射区域获得的能量都不会超过到达那里的阳光量。所有的可再生能源都必须应对能量密度低这个问题，即能量没有集中分布，而是分散在一大片区域中，而这意味着研发需要大量的投资。另外，对于一些类似渗透能发电、洋流发电等特殊概念的能源发电方式，全球几乎没有任何合适的地点。

如果依然有人一直和你谈论关于全新的、革命性的能源的话题，那么你要警惕了，他很可能并不是真的了解能量以及能量的来源，也可能他只是想要骗取你的投资。

尽管我们有很多新想法，但目前还是无法看到任何其他新能源的可能性。而对于目前我们提到过的可再生能源，大致排序是：风能和太阳能名列前茅，生物质能、地热能和水能望尘莫及。你认出前面章节中出现过的自行车手了吗？

由于本章并没有出现目前可行的新能源发电技术，所以我们的能源对照表没有增加任何内容。而我们在本书中讨论过的所有可再生能源，合算下来，在德国，**每人每天有 89 千瓦时**的能量，即**每人有 89 名自行车手**，因此，这个结果只是略高于我们目前每人每天 85 千瓦时的最终能源消耗。

那么，我们的研究意味着什么呢？在讨论评估结果之前，我们想再来谈一谈能量的储存，如果没有能量储存的话，能源转型几乎是不可能完成的。然后，我们还想讨论一下核能和核聚变，看看这些技术是否可以为我们解决一部分能源问题。

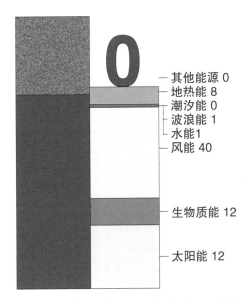

其他能源 0
地热能 8
潮汐能 0
波浪能 1
水能1
风能 40
生物质能 12
太阳能 12

德国没有其他重要的可再生能源。在我们最后评估的这部分中，虽然有很多设想，但这些设想对我们的能源对照表没有进一步的贡献。因此，在我们的思想实验中，德国地图所显示的能源生产所需的面积也没有改变。

# 能量储存

到目前为止，在我们对可再生能源的所有思考中，都忽略了一个方面，那就是能量波动。很多可再生能源，尤其是风能和太阳能，都有一个严重的缺点：它们的产量取决于天气，所以波动很大。迄今为止，我们一直都在假设能量总是随时可用的——但事实并非如此。因此，利用可再生能源稳定地供应能量是一项重大的技术挑战，随之而来的问题是：这可能实现吗？

# 应对能量波动的策略

我们目前应对能量波动有两种策略。第一种是，我们可以通过消除地理界线来使能量均衡分配，例如在整个欧洲，或者欧洲加北非一起生产能量，这么大一片土地上，总是会有某个地方阳光普照或有风在吹。但是，这需要大量的电线，并且还需要考虑政治因素和技术手段。此外，所有地区的可再生能源发展的最终结果都应该是可以完全地分配盈余，而这仍需要很多年。

第二种是，调整能源消耗以适应能量的波动，具体来说就是，只在有大量可用能源时，才启动工业生产中需要消耗大量能量的流程。但是，这个方法只能在有限的范围内实现，因为很多流程只能推迟几小时，并且有很多事情无法推迟，比如火车从慕尼黑开往斯图加特，就必须按时出发。

然而即使将这两种策略结合起来，也很难完全平衡可再生能源的波动。因此，我们还需要其他东西——能够将热量和电力储存数周甚至数月的东西。为此，我们需要强大的能量存储系统。但是，这样的存储系统目前存在吗？它们的成本是多少？需要占用多少空间？在本章中，我们会简要介绍一下储能技术的概况和发展前景。

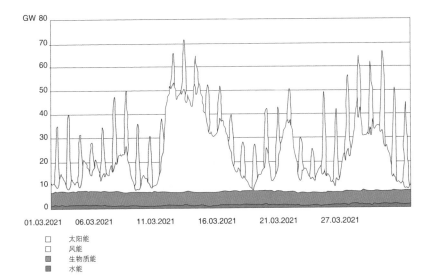

图片显示了 2021 年 3 月一整个月德国可再生能源的发电量。3 月 12 日中午，发电量达到 70 吉瓦，相当于 70 座燃煤电厂的发电量，覆盖了整个德国的全部电力需求。而 3 月 18 日晚上只有 10 吉瓦，可以看出发电量的波动很大。虽然水能和生物质能可以全天候发电，但风能和太阳能发电并不能，风能在一个月内的波动很大，而太阳能甚至在一天内的变化都很大。

# 存储技术

### 煤、石油、天然气

你可能会感到惊讶，为什么会在这里提到化石燃料，其实从本质上来说，它们也是储存能量的载体，是植物从太阳中捕获并以化学方式储存的古老的能量。它们的能量密度极高，所以，在很小的范围内都蕴藏了大量的能量。如果不考虑后续成本，化石燃料其实相当便宜，这也是煤、石油和天然气难以被替代的原因。但正如我们所知，化石燃料有着致命的缺点：燃烧它们会释放大量二氧化碳并污染大气。并且这也是气候变暖的主要原因。此外，化石能源的储存是有限的，虽然它们还能持续使用数十年，煤甚至可以持续更长时间，但总有一天会用完。

## 电池

电池是经典的电力储存器，它有许多变体，如锂离子电池、锂聚合物电池、镍镉电池、镍金属氢化物电池、铅酸电池、钠硫电池以及氧化还原液流电池。我们在日常生活中经常见到这些电池，它们主要为移动设备提供持续的电量，在这方面没有替代品。锂离子电池常用于手机或电动汽车中，但尺寸大不相同。电动汽车中的电池可以储存的能量是手机电池的 10000 倍。然而，作为电力储存器，电池是相当昂贵的，每千瓦时充电容量的成本相当高，因此只有每年进行多次充电 – 放电循环才比较划算。综上所述，电池很适合用来平衡一天中电力需求和供应的波动，但是电池太贵了，也无法将能量储存数周或数月。

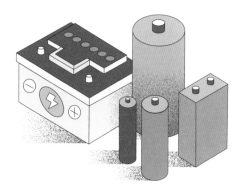

电池经常出现在我们日常生活中，它们的尺寸和形状各不相同。

## 抽水蓄能式水电站

抽水蓄能式水电站是目前用于储存大量电力的普遍方式。我们已经在"水能"一章中了解过这些内容，抽水蓄能式水电站有两个彼此靠近、但海拔不同的水库，由管道和涡轮机连接。当电网中的电能过剩时，就把水从下面的水库往上抽。当需要电能时，就让水从上往下流，从而获取电能。抽水蓄能式水电站的效率非常高，将近 3/4 的存储能量可以得到再利用。

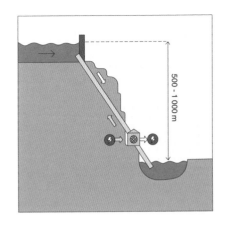

抽水蓄能式水电站是一种经典的储能形式。

然而，这种水电站需要非常大型的技术设备，对自然景观影响很大，合适的地点并不多，这就是很难建造新的抽水蓄能式水电站的原因。到目前为止，整个德国的生产能力只够稳定供电几个小时。

目前，研究人员正在研究一种基于相同原理的改进方法。研究人员将空心混凝土球体沉入海中，通过涡轮机让水进入球体产生能量，如果有多余的电力，就利用这些能量将水再次抽出。这些球体的蓄水能力与同等水量的抽水蓄能式水库一样大。此外，球体在海里的深度相当于抽水蓄能式水电站上水库和下水库的高度差。因此，该技术需要相当多的球体，但这种技术有一个优点，它不会毁坏景观。

### 其他机械储能方式

目前有一个新设想**起重机储能**正在测试中，其原理是这样的：在起重机周围堆叠和拆解混凝土块以达到充电和放电的目的。我们将混凝土块在一个小半径范围内的高处堆叠在一起时，储能设施就开始充电，而当混凝土块在大半径范围内的低处堆叠时，储能设施就开始放电。因为抬起混凝土块时，需要电动机，这会消耗能量而将土块放下时，电动力就成了发电机，并开始发电，这种能量会再次释放出来。

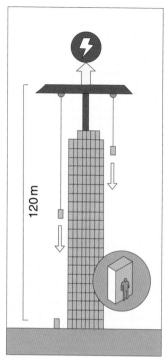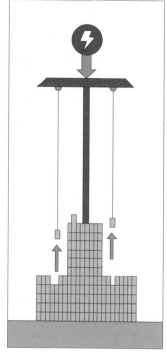

起重机储能：左图提取能量，右图存储能量。

　　然而，大容量的能量储存需要数千个这样的起重机储能设施才能完成，并且这些设施必须位于郊外，因为单个这样的储能设施所能储存的能量只有一台大型风力涡轮机一天的产量。不过可以放置起重机储能设施的地点比较多，这也算是一个优点。

　　**压缩空气储能技术**早在多年前就已经投入使用了，原理是：空气被能量强烈压缩并储存在地下的洞穴中，然后利用压缩空气来驱动生产能量的涡轮机。然而，这种储能技术的效率很低，因为空气在压缩过程中会变热，而这些热量通常会在没有被使用的情况下就损失掉。此外，与抽水蓄能式水电站相比，适合该技术的地点甚至更少，但是该技术有一个优点，占地面积非常少。

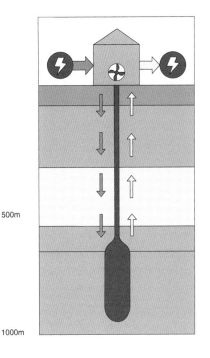

压缩空气储能技术：通过高压将空气压进大型地下洞穴。需要时，可以再次释放空气以生产能量。

## 蓄热器

很遗憾，我们不能灵活地利用热量来获取能量，热量也不能像电力一样，进行远距离分配。然而，温度越高，我们可以利用的热量就越多，也可以将其转化为电能，即便在此过程中会有损耗。

**中高温蓄热器**通过盐或其他固体材料可以储存 120 ~ 1300 摄氏度的热量。例如，在沙漠中的太阳能热电站，这种蓄热器一般在日落后的几个小时内开始发电。但是，此类设施是大型设备，因此不能安装在单户或多户住宅区。

**低温潜热蓄热器**的运作基于以下原理：在夏季，利用太阳能组件轻松将水加热至 90 摄氏度，并将其储存在一个大水箱中。在冬季，这些热水可以为相连的房屋供暖，也可以为远程供暖系统提供帮助。这个技术的难点在于这些水箱的隔热效果必须非常好，这样才能让热量储存数月，我们认为，只有在确定能够为整个社区供热的前提下，这种技术才值得一试。

然而，除了水之外，其他材料（例如石蜡）也可以用作蓄热器。这种蓄热器有一个优点：它们从固态到液态的熔化过程与水不同，水的熔点为 0 摄氏度，但石蜡的熔点很高，在 70 摄氏度左右。在温度没有明显升高的情况下，必须使用大量能量来液化这种材料。相反地，当材料再次凝固时，可以从材料中提取大量能量，而温度不会下降太多。因此，利用石蜡可以在 70 摄氏度的恒温状态下储存大量的能量，然后再提取出来。如果想在冬天给房子供暖，石蜡比水更适合，这被称为**潜热蓄热器**。

## 电转气

现今大家都在谈论一个储能概念，即**电转气**，意思是"把电力变成气体"。打个比方，水在电解过程会产生氢气，在这个过程中，使用电力将氢气与氧气分离，随后电解过程中产生的氢气可以与环境空气中的氧气反应再次形成水，从而释放一部分之前消耗的能量。虽然从电力到氢气再回到电力的整个循环的效率低于其他储能技术（通常低于50%），但是这项技术可以用来储存特别多的能量，并且气体便于运输。

因此，在未来，电转气很可能在长期（超过一天）储能方面发挥主要作用。然而，这个设想的第二步从氢气再次转化为电力这个过程其实在将来会变得不再重要，因为氢气的需求很大。它是很多化学实验的原料，而工业生产有很多化学流程，所以会需要大量氢气，例如钢铁生产，而到目前为止，这种工业用氢气都是从天然气中获得的，所以第一步的产能显得更为重要。而电转气的产能要满足这一需求肯定还需要很多年，只有到那时，电转气作为储能方式，才有讨论的意义。

氢气也可以直接用于我们的出行，乘用车、商用车和飞机的燃料电池中都有氢气。然而，在普通乘用车中，我们对氢气的使用情况有些疑问，因为在相同行程内，燃料电池驱动的汽车所用的电力比电池驱动的电动汽车多 3 倍，可以看出燃料电池的效率更低，所以氢气和电池相比，并不是一个很好的选择，只有在电池由于重量和航程的限制而无法使用的情况下，氢气才是备选方案。但考虑到生产电池所需的资源，现在的状况基本不会改变。

在未来，该设想还有更多的应用空间，比如在第二步氢气再次转化回电力的加工步骤中，我们可以通过添加二氧化碳从氢气中生产甲烷等一些"绿色气体"。该设想的难点在于我们目前无法提供大量的二氧化碳，因为除了啤酒厂、水泥厂、沼气厂和化石燃料发电厂等个别来源外，提取二氧化碳必须消耗空气中的大量能量，这将大大降低整体效率。

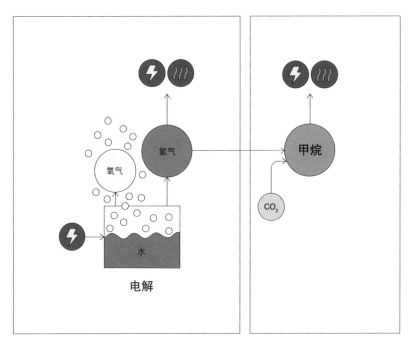

在电转气的第一步中（左），利用电力通过水的电解过程产生氢气，这些氢气可作为能量使用，另外，在第二步中（右），氢气可转化为甲烷（"绿色气体"）。

除了转化为甲烷，氢气还可以与甲醇或其他液态有机化合物融合，生产"绿色燃料"。这些燃料也被称为电子燃料或电动燃料，因为它们是使用电力合成生产的，在航空领域，这些燃料非常有价值。理论上来说，它们也可以为普通的燃油汽车提供动力，但是从电力到氢气再到甲醇的整个生产链的效率甚至比氢燃料汽车还要低。在相同行程内，电动燃料汽车所需的电力大约是电池驱动的电动汽车所需电力的 5 倍。我们还必须记住，电动燃料仍在开发中，该技术尚未被广泛应用。

### 其他储能技术

除了前面提到的储能方式之外，也还有一些其他设想，例如用于稳定电网的**超级电容器**和**飞轮储能**，但它们的储存容量并不大。我们的清单肯定是不完整的，但是所有储能技术的共同点是，不同储能方式的效率是完全不同的，但是相同的是储存的能量肯定比重新释放所获得的能量要多。

# 前景展望

我们目前已经拥有一些成熟的储能方式，如抽水蓄能式水电站，虽然它们的容量是有限的，但起码可以稳定地投入使用。而我们也正在研发许多新的储能技术，可以期待这个领域在未来几年的发展。比如电动汽车中的锂离子电池，近年来其生产所需的资源和能量变得越来越少，并且很快将达到 100% 的回收率，再比如未来我们还将针对氢气和电转气的主题进行大量研究，并对其相关项目进行投资。

高效的储能技术是能源转型的重要组成部分，而我们正处于开发和改进储能方式的学习过程中，所以未来也要持续关注储能技术的发展情况。另外，为了不让储能问题在短期内限制可再生能源的开发，我们在电转气的第一步电解过程中，首选燃气电厂，在可再生能源产量不足时利用燃气电厂（现有的燃煤电厂和核电站不适合这种策略，因为它们不能灵活地投入使用）。

　　然后，在未来的第二步中，我们可以利用沼气或"绿色氢气"来运行燃气电厂——即利用电转气技术发电，这个步骤的首要条件是，我们必须生产和储存足够多的沼气和氢气。

　　上述对储能的研究表明，我们目前所拥有和正在开发的技术非常多，如电转气、燃气电厂、蓄热器、电池、抽水蓄能，加上控制能耗以及大面积配电，能量储存问题在未来一定会得到解决，风能和太阳能的能量波动就不能作为推迟可再生能源扩张的借口了。

# 核能——
# 核裂变和核聚变

关于可再生能源替代化石燃料这个话题，我们已经在前面的章节讨论过很多了。但前文所说的那些能源真的是仅有的零碳能源吗？这几十年来一直在讨论的核电呢？除了现有的核反应堆类型，我们还有"第四代核电站"，还有核聚变反应堆。这些技术难道不能在困难重重的情况下解决我们的能源和气候问题吗？核能是否可以作为可再生能源的替代品，或者至少可以很好地对其进行补充呢？这些关于核能的问题，以及核能是一种零碳能源这一事实，在我们看来，有必要在下文中详细且尽可能不带偏见地讨论，因为核能话题的讨论常常带有一种神秘且负面的气息。

# 全球的核电站总产量是多少

1954 年，全球第一座用于大规模发电的民用核电站在苏联投入使用。从那时起，各种类型的核裂变反应堆相继被开发出来。所以需要明确的是，我们在本章讨论的是一种在全球范围内已经投入使用的、"经过验证的"技术。目前，全球有大约 440 座核电站，其中美国最多，约 100 座，远超其他国家，其次是法国，约 50 座。

总体而言，核能满足了全球 10% 以上的电力需求，不过各个国家的比例却大不相同，比如意大利、奥地利、葡萄牙和丹麦等一些国家普遍不使用核能。核能占能源供应总量（即全球一次能源需求）的比例不到 5%。如果想要在能源供应中占有大份额，全球范围内的核电站数量必须增加许多倍，这意味着需要增加数千个核电站。

为了理解核电站中核裂变和核聚变的原理，我们必须先掌握一点技术知识。如果你对技术细节不感兴趣，可以跳过下面这部分内容。

# 技术概述

### 如何通过核反应产生能量

我们都知道，原子核中含有能量，从原子核的结合能中我们可以获得这种能量。能量可以在两种截然不同的核反应中释放出来：一种是通过重核（比铁元素重）的核裂变，一种是通过轻核（非常小的原子核，如氢元素）的核聚变。

原子核中包含的结合能可以用金属弹簧来比喻：如果你压缩弹簧，它的能量会被储存起来，当你松开弹簧时，储存的能量又会突然释放出来。雪板固定器也是类似的原理，滑雪者作用于滑雪鞋的所有动作和压力通过非常相似的方式存储在雪板固定器中，滑雪者跌倒时，压力到达预设值，能量自发地释放出来，滑雪板就从脚上脱离了。

### 目前投入使用的大多数核电站是如何工作的

大多数核电站是通过重核裂变释放结合能，例如铀235原子核的裂变。然而，这并不是突然发生的。在典型的核裂变反应中，中子必须撞击铀235原子核，使其转变为铀236原子核，该原子核更重。这个"活化的"且现在更重的原子核非常不稳定，所以它会在几分之一秒内分裂成两个中等重量的、较小的原子核。每次核裂变都会释放出两到三个中子，这些中子通过撞击又可以分裂出更多的原子核——这被称为链式反应。释放的能量分别留在了裂变产物中、中子的速度中以及释放的电磁辐射中。这三部分能量使水蒸发，并使用水蒸气来驱动涡轮机。

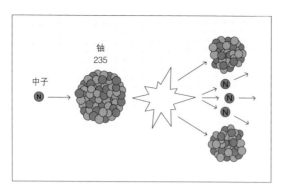

当铀原子核分裂成两个较小的原子核时，会释放
出大量能量。

　　原子核中有非常多的能量，1千克铀裂变所释放的能量是燃烧1千克硬煤释放能量的百万倍以上。会释放如此大的能量是由于原子核中的作用力比我们所知道的要大得多。原子核中这种被称为强力的作用力是宇宙中最强的力，它克服原子核中带正电的质子之间相互排斥的力（一个铀原子核中至少有92个质子），将原子核聚拢在一个非常小的空间内。这就是20世纪民用核能对发电如此重要的原因之一。

　　核电站的核心是核反应堆，在那里发生可控核裂变。反应堆的堆芯是位于其中心部位的燃料棒，实际的核裂变反应就是在这个部位发生的。大多数核电站的燃料棒都是由浓缩铀制成的，它们被置于部分装水或装满水的压力容器中，水自下而上流过反应堆堆芯时不断吸收其释放的能量，将燃料棒中核裂变所释放的热量带走，然后在带有发电机的蒸汽涡轮发动机中完成从核能到电能的转换，原子核裂变产生的能量转化为电能后，最终馈入电网。

## 核聚变是如何发生的

与核裂变相比，核聚变技术旨在融合较轻元素的原子核，主要是氢原子核，因为当轻核融合形成更大的原子核时，也会释放结合能。太阳是通过核聚变释放能量的典型，因为在其中心的氢原子核，即质子，会聚变形成氦。在这个过程中，会释放出巨大的能量：1千克氢的聚变所产生的能量是燃烧1千克硬煤释放能量的千万倍以上。

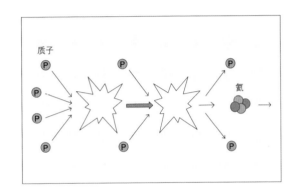

太阳中的核聚变过程，
氦是由若干个氢核聚变
形成的。

与地球不同的是，太阳的质量非常大，是地球质量的333000倍，这使得其内部的压力也非常大，以至于在这种压力的作用下，轻核可以克服它们带相同电荷的质子之间相互排斥的电磁力，从而融合成更重的原子核。然而，这样的高压环境在地球上是无法实现的，如果尝试通过提高温度来达到与如此高压环境相同的效果（要激发核聚变并让其稳定不熄灭地持续进行），在这个过程中温度必须达到太阳温度的10倍，即1.5亿摄氏度。但是有什么材料能承受这么高的温度吗？完全没有。所以这个问题必须用别的方法解决，那么要怎么做呢？

在如此高的温度下，气体不再由具有原子核和外层电子的中性原子组成，电子将离开原子（这个过程叫"电离"，缺少电子的原子被称为"离子"），使其成为一团由带正电的离子和带负电的电子组成的四处乱飞的带电粒子。这团带电粒子被称作等离子体，它们对电磁场的反应与中性原子是不同的，正因如此，通过磁场来约束高温等离子体这件事成为了可能。在磁场作用下，带电离子和电子只能沿着磁力线移动，而不能沿着与磁力线垂直的方向逃离，因此我们只要制造一个磁力阱，就能够将等离子体约束在磁力阱里，可以说，这是以磁场为线给它们编织了一个牢笼。

在聚变开始之前,需要加热等离子体并产生磁场以制造磁力阱。为此,需要首先向聚变反应堆投入能量,当氢等离子体的密度和温度足够高时,磁力阱中才能够发生足够多的聚变反应,从而释放出比最初投入的更多的能量。

这里得以开始一个循环,聚变中释放的能量部分用于反应堆,其余的则通过涡轮机和发电机中的热蒸汽转化为电能,这种循环使得聚变反应堆不再需要外部投入能量就可以维持运行。虽然迄今为止,关于带有磁场的聚变反应堆长期运行的尝试还没有成功过,但有望在未来 20 年内实现。法国南部正在建造国际热核聚变实验反应堆(ITER),预计将首次释放出比投入更多的能量,当然这还远不足以使聚变反应堆具备足够的商业价值。

在核聚变反应堆的诸多未解决的难题之中,等离子体的稳定性是最大的问题,它总会一次又一次地挣脱束缚,极不稳定。从某种意义上说,它应该是找到了磁力阱中的"洞",于是从洞口逃离。当这种情况发生时,等离子体会迅速冷却并破裂——因此不再可能发生聚变反应。

在过去的 50 年中,研究人员将大量的研究工作投入在创造一种尽可能长时间稳定的等离子体。研究人员试图将数百万摄氏度的带电气体控制在磁场中,这有点像试图在几米宽的环形室内控制数千道闪电,这个比喻足以表明核聚变背后的技术难度与挑战。特别是与核裂变相比,控制水中的燃料棒在技术上肯定比控制等离子体容易。

聚变所需的重氢(氕)在我们的星球上非常丰富,所以如果人类能够掌握聚变技术,那将拥有几乎取之不尽的能源。

# 核聚变或核能作为我们能源问题的解决方案吗

让我们回到关键问题，即核能是否可以长期地为我们的能源供应做出贡献，如果答案是肯定的，要如何来实现？另外它是否可能是我们解决气候危机的一个长远方案呢？当谈到核裂变时，我们应该将目前常见的核电站使用的技术和尚未能商业化的核裂变技术区分开，这种待开发的新技术通常被称为"第四代"技术。让我们来看看每种技术的优缺点。

## 核聚变

为什么我们先从核聚变开始，因为答案很简单。虽然核聚变的研究时间几乎与核裂变一样长，但有一点是肯定的：尽管有数十亿美元的研究经费，但核聚变在未来50年内都不会成为供人类使用的全球能源。

当然，它也有一些优势：可能是短暂的（几十年）并且可定量管理的放射性废物，估计比核电站更安全。但要成功启动聚变反应堆，还需一定时日。国际热核聚变实验反应堆的研究实验工作预计将于2025年开始，并在接下来的20至30年内持续进行。在那之后，我们才能更好地预测这项技术是否可以转化为能源。

## 正在投入使用的核电站

与化石燃料相比，核能有几个优点，最重要的是在能源生产过程中几乎没有温室气体排放，并且可以用相对少量的裂变材料释放大量能量。核能与其他可再生能源相比也有优点，例如不同于风能和光伏发电，它的空间需求极小并且不受天气影响。只有在非常炎热的天气，当冷却水不足时，核电站才会受到影响。

但是，如果要全面地评估核电，还必须审核其他标准，我们将在下面讨论这些标准：核电站的安全性、放射性物质的含量、核电的价格、铀的供应情况以及产生钚（用于制造核武器）的可能性。

为了控制复杂的物理过程，防止出现意外，核裂变只能发生在做好特殊安全预防措施的核反应堆中，这些是需要大量投资的。核裂变所产生的放射性物质可能对人类和动植物构成生命威胁，人为失误或技术故障可能导致放射性物质被释放，在极端情况下，会污染整个区域，并持续很长一段时间内，使那片区域无法居住。

1986年，在苏联切尔诺贝利核电站就发生了一起这样的事故。当时，因为技术问题和人为失误导致其中一个核反应堆爆炸，许多吨放射性物质进入大气中。甚至在1500多千米外的德国也检测到了放射性物质增加。2011年，日本福岛核电站也因海啸发生重大事故。这两次事故都对所有运行中的核电站产生了重大影响，有一些运行中的核电站由于风险评估的突然变化而立即关停了数月。福岛核电站的事故也促使德国撤回了先前决定延长核电站寿命的计划。新的《原子能法》通过后，一些核电站就立即关闭了。除了切尔诺贝利和福岛之外，其他核电站也有大大小小类似的事故导致了重大的灾难。

另一个问题是放射性废物的处理。这些废物包括最初使用的铀和许多不同寿命长度的裂变产物。此外，每个核反应堆都会产生可用于制造核武器的、有剧毒的钚。我们至少要保护此类高危废物数万年，德国的官方说法是100万年，而对于此类废物的最终存放也尚未找到一个安全的、可接受的解决方案，因为这并不是一件容易的事。随着核能的大力发展，这个问题将更加尖锐。

核能的另一个缺点主要是针对新建的核电站，核安全会导致核电站的运营成本上升，随后导致核电价格的上涨，这使得它们与风能、太阳能相比，竞争力明显下降。此外，核电的价格通常还并不包括拆除、核废料储存和事故风险的实际成本。加入这些成本和必要的安全措施只会让核电价格变得过于昂贵。没有人能预测企业是否会在没有政府补贴和担保的情况下投资新的核电站, 这与风能和太阳能发电站形成鲜明对比,因为在全球范围内规划并运营风能和太阳能发电站并不复杂。

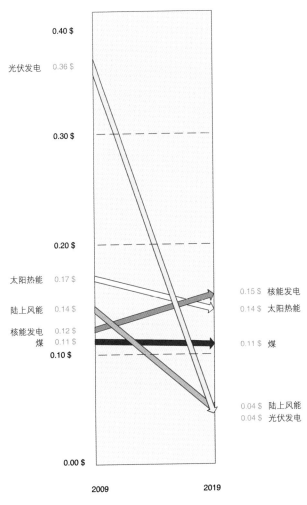

该图显示的是 2009 年至 2019 年这 10 年期间, 各种可再生能源发电设备的成本中, 1 千瓦时电力的价格。如图所示, 光伏发电的价格从 0.36 美元 ( $ ) 跌至 0.04 美元, 核能发电价格从 0.12 美元涨至 0.15 美元, 这还不包括后续成本。

( 马克斯·罗泽自制图, ourworldindata.org, 知识共享署名 <CC-BY> )

反对在全球范围内大规模增加传统核电站的另一个理由是铀的提取。铀矿的开采伴随着巨大的环境破坏，例如高辐射和重金属污染。按照目前的水平，目前全球的铀矿足以满足人类至少100到200年的需求。然而，核能现在仅能满足人类一次能源需求的5%左右。如果核能想要在世界能源供应中占据较大份额，除了修建许多新的核电站之外，还必须找到新的铀矿资源，并且要应对所有随之而来的问题。有一个可能的解决方案就是所谓的"第四代反应堆"，这一点我们稍后就会谈到。

长期以来，传统核电站的所有缺点——铀矿的局限性、反应堆事故的风险、用于制造核武器的钚的产生、最终储存和成本问题——一直引发着各界对于核能利用的深入讨论。但是，我们要明确一点，比起核能的各种风险，人类面临的更大危险不是气候变化吗？

核能是否比可再生能源更有希望解决能源危机，核能可以很好地对可再生能源进行补充，是否应该接受核能的缺点和危险？对于这些问题，众说纷纭，莫衷一是。然而，一个重要的论点经常被遗忘：由于气候危机的紧迫性，根本没有时间大规模发展核能。且不说建造数千座核电站，仅建造数百座就需要好几十年——我们根本没有那么多时间。

不同于其他一些国家，德国近年来没有建造新的核电站。相反地，2022年，德国最后一座核电站也将退出电网。其他国家未来应该还将继续规划核能，现有的核电站暂时也不会关闭。

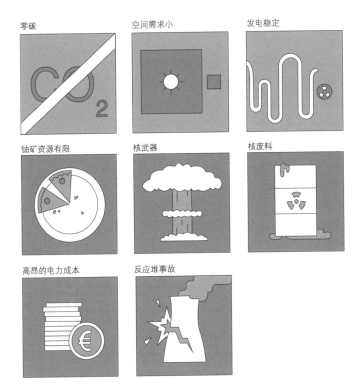

核能的优点（第一行）和缺点（第二行和第三行）。

## 第四代核电站

"第四代"核电技术涵盖了许多正在研究中的核裂变替代技术，包括所谓的增殖反应堆、高温反应堆和熔盐反应堆。这些研究是为了改进前面提到的核能的缺点，并提高核能的安全性和盈利能力。就目前的研究成果来看，第四代核电站在处理传统核电站的废料和生产更多的能量这两点上是有保证的。

尽管人们经常用"新"来描述这些概念，但其实有些技术已经讨论并发展了几十年了。它们通常是一些有趣的理论方法，旨在弥补传统核能的一些缺点。然而，几乎所有概念的共同点都是还处于研发的早期阶段。因此，核能要达到可靠的水准并广泛运用，仍需数十年。这其中蕴含着大量的技术挑战，仅举一个例子，利用遇空气即燃烧的液态钠来完成冷却就非常困难。

即使是在开发上已有一定进展的增殖反应堆，也远未达到可以在全球范围内大量使用的技术水平。个别地方，如俄罗斯，已将增殖反应堆的能量馈入电网，但即便是这样，他们也没有考虑复制目前的技术，而是想要进一步完善该技术。因为它们与现有的核电站一样，可靠性太低，安全性有问题，成本又非常高。如果要用增殖反应堆代替传统核电站，那么必定会面临高技术挑战，所有这些问题都需要妥善解决才能大规模投入使用。在许多方面，新的替代技术也无法利用已经经过几十年考验的旧技术和安全概念。此外，与大多数其他替代技术一样，增殖反应堆也会产生钚。因此，目前还完全不清楚增殖反应堆是否具备商业竞争力。

因此，在未来几十年内，应该不会出现大规模建造新型反应堆的情况。目前我们也尚不清楚个别技术是否可以发展成熟到投入市场的地步，也不清楚它们是否可以弥补现有核电站的上述缺点。因为通常核电站只有在进入试运行阶段，才会发现问题。这同样适用于铀的替代燃料，例如钍。

总之，这些替代技术暂时不能用来解决我们目前的能源需求问题，所以也无法达到尽快遏制气候危机的目的。然而，这并不意味着，我们不应该继续研究这些技术，它们可能是人类在22世纪的主要能源。

# 核能能否帮助人类解决气候危机

由于成本高昂、大规模扩建核电站时间长以及铀矿开采会引发很多问题，传统核能对解决气候危机的贡献很小，并且无法实现大量能源供应。所谓的"第四代"技术虽然很有希望，但因其技术复杂性以及被用于制造核武器的可能性，它们目前不太可能成为所有人都能获得的能源。鉴于能源转型的紧迫性，等到核裂变的新技术在技术和经济上都适合投放进市场的时候，可能就太晚了。另外，核聚变的未来也还是完全未知的。

因此，很明显，我们应该专注于其他可再生能源，因为在技术方面，它们已经基本成熟，在成本上也可以与化石燃料竞争。我们在前面的章节中已经详细评估了可再生能源的潜力。在最后一章中，我们将讨论前文的所有发现对人类以及人类的未来意味着什么。

# 这一切对我们来说意味着什么

现在，我们已经了解了所有可再生能源及其在德国能源供应中的潜力，解释了核能和核聚变不适合作为中期替代品的原因，并简要概述了各种储能方式。在看本书之前你是否思考过，用零碳能源来满足我们所有的能源需求居然如此困难。从我们的能源对照表来看，可再生能源从理论上至少可以覆盖我们当前的最终能源消耗，但我们必须意识到在实验中我们已经做出了相对宽松的假设，我们不能忘记人类的能源消耗是多么巨大。

现在我们所了解到的一切意味着什么呢？你完全可以得出与我们不同的结论，这当然没关系，最重要的是首先要对基本事实有一个清晰的认知。我们希望通过我们的解释来建立这种认知。

# 我们学到了什么

也许有人看完前文会说："看，我早说了吧，一切都是无用功！"另一些人可能会说："好吧，那么我们得万分努力才能实现能源转型了。"谁是正确的呢？什么可以替代可再生能源呢？在这种情况下，努力是指什么呢？是不是我们得自己骑自行车？

我们先来总结一下我们学到了什么：

● 我们对**能量的需求越来越大**，已经达到了几乎无法被满足的地步。如果没有化石燃料，要满足这种需求绝非易事，尤其是在世界人口继续增长、许多国家的能源消耗越来越多的情况下。

● 目前还**没有其他尚未发现的能源或新兴技术手段**可以一举解决我们的问题。未来肯定会有更高效、更便宜的技术来利用现有资源，但这并不会增加风能、太阳能、波浪能等可再生能源的能量密度。

● 迄今为止，在全球的可再生能源中，**风能和太阳能**的贡献最大，其次是水能、生物质能和地热能。其他能源只能在小范围内为本地的能源供应做出贡献，而无法在全球范围内做出相关贡献。对于德国来说尤其如此，除了风能和太阳能之外，几乎没有其他任何选择。

● 风力发电站、光伏发电设备，甚至生物质能都需要占用**大片土地**。想要大规模发电，零星分布的风力涡轮机和偶尔安装在屋顶上的光伏设备是远远不够的，另外生物质能的发展和粮食生产还将继续抢占用地。尽管目前我们计算出的面积还只是假设，我们还有不同的选择，但这些数据还是可以让我们感受一下大致的规模。

● 由于风能和太阳能无法持续稳定地提供能量，我们必须考虑如何**平衡这些波动**。随着可再生能源的不断发展，强大的存储装置和储能技术将变得越来越重要。相信在不远的未来，能量消耗问题会得到有效解决。

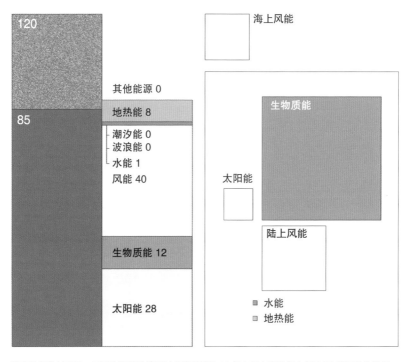

我们的评估结果是：可再生能源总计可以为我们提供 89 名自行车手即每人每天 89 千瓦时的能量。借此可以满足我们当前 85 千瓦时的最终能源需求。虽然我们未能实现目前一次能源所需求的 120 千瓦时，但未来我们的一次能源需求应该会逐渐减少。然而，即使是 89 千瓦时，也需要很大的面积，尤其是生物质能。当然，所需面积在很大程度上取决于我们要用哪些区域，提供哪些能源。面对这个结果很多人会有不同的结论，比如，有些人认为风力涡轮机更多比较切合实际，有些人则认为其他设备多一些好。我们需要明确，这样的评估并不是反映政治倾向，89 名自行车手也绝不是一个固定的数值，而是想要说明我们正在处理的问题的规模。

# 环境兼容的全球能源转型可能实现吗

弄清这一切后，你可能会感到沮丧。但其实这没有必要，在能源转型这个领域，我们任重道远。那么，未来人类如何克服重重困难，以对环境和社会负责的方式实现全球能源转型呢？在我们看来，有3个方面至关重要：

● **降低能耗，实现能源消耗电气化**

● **扩大能源转型所需的基础设施建设规模：**
  - 发电
  - 配电网络
  - 能源存储

● **国际合作**（但请不要被动等待其他国家）

节能

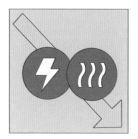

扩建新能源基础设施

国际合作

能源转型成功的3个最重要的方面：节能、扩建新能源基础设施、国际合作。

需要强调的是，这三个方面都非常重要。在公开讨论中，扩大风能和太阳能发电设备是主要议题，并且也要扩建其他基础设施。另外，如果不减少我们的能源消耗，能源转型将变得异常困难。最后，如果能实现国际间的合作，对能源转型来说将是一个巨大的优势。

## 降低能耗，实现能源消耗电气化

在许多致力于 2050 年实现二氧化碳中和的研究中，都是以我们的能源消耗减少 50% 为前提的。但具体如何实现这一点，其实并没有明确方案，经常被提及的方法是提高效率和发展技术。然而，在我们看来，仅有这些还远远不够。

如果我们看一下德国过去 30 年的最终能源消耗（即从 2009 年到 2019 年），就会发现尽管效率和新技术都已经有了巨大的提升，我们的最终能源消耗却根本没有变化。

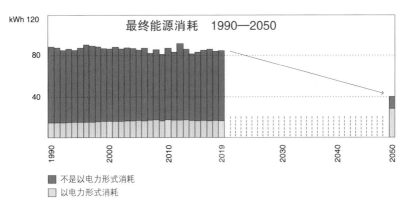

在过去的 30 年中，德国的最终能源消耗量并没有发生任何变化。然而，之前的多项致力于气候中和的研究都是以大幅减少未来 30 年的能源消耗为前提的。同时，交通和供暖的电气化是必不可少的，因为电气化可以在同样的用途中消耗更少的能量。然而，要实现大幅降低能耗，我们可能还必须放弃在其他领域消耗能量。

虽然我们不能总是从过去推断未来，但考虑到一些行业，其每年能源消耗的增长率约 9%，你就会知道能源转型不是一件轻松的事情。因此，能源转型成功至关重要的先决条件是，我们首先要做好准备。

不过目前我们还是有一线希望的：我们可以通过热泵实现供暖电气化，再加上交通电气化，效率明显提高，这样一来，车辆行驶相同的里程、房屋获得相同的温度所需的能量就减少了。改用可再生能源还可以消除化石燃料发电厂的巨大损耗，而其他开发项目（例如隔热良好的房屋）也可以减少我们的总能源消耗。但这还不够。我们还得调整自己的日常习惯，在各个方面减少能耗，比如：少坐飞机、更多地使用公共交通工具、减少使用能耗多的产品、改善饮食习惯等等。

### 扩建新能源基础设施

发电站、储能设施和电网的扩建并不是相互独立的。它们是此消彼长的关系，当其中一个更多时，另外两个的需求就减少了，反之亦然。

例如，如果我们拥有可以横跨德国乃至欧洲的强大电网，我们可以从北往南甚至从西班牙往德国输送能量。如果总有某个地方阳光普照或有风在吹，那么，我们需要的本地储能设施就更少了。然而，这个方法的前提条件是其他各个地区都有能量盈余。相反地，如果我们无法平衡大范围内的电力生产波动，我们就需要更多的本地储能设施。

再比如，如果我们在各地大规模推广可再生能源，使其可以在还算正常的条件下提供足够多的能量，那么我们需要的储能设施就会变少。如果风能和太阳能的发电情况良好，我们就可以撤掉一些储能设施。乍听之下，推广可再生能源像是一种很大的浪费，但如果它比建造大量储能设施或电网更便宜，那么它就是有意义的。无论如何，一定比例的储能设施总是要撤掉的，因为如果我们要为最后生产的能量建造一个存储设施的话，它的使用频率会很少，因此成本太高了。

与储能设施有着相似效果的是仅在没有足够阳光和风力时投入使用的燃气电厂。除了天然气，沼气和"绿色氢气"也可以在这种情况下发挥作用。研究表明，这两种气体的成本没那么高。

想要准确预测未来的情况是很困难的，这要看重点发展的是什么。所以，各种研究对于我们在 30 年内需要多少储能设施的估计存在很大差异。但有一点是明确的：除了节约能源外，我们还必须学会适应生活中随处可见的能源基础设施，例如风力发电站、光伏设备、储能设施、电网和供暖系统。我们必须接受房屋后面的风力涡轮机以及屋顶和开放空间的光伏设备。如果你都不接受，那还有一个选择：拒绝能源转型，人类回到中世纪，用很少的能量维持日常生活。

## 国际合作

如果我们查看一下关于太阳辐射强度或风速分布的世界地图，我们就会发现不同地区适合不同的能源：南欧、非洲和澳大利亚非常适合太阳能发电，而沿海地区，特别是北欧和北美，非常适合风力发电。生物质的使用也很大程度上取决于地理位置，还有各国的人口密度。

如果将能源转型作为一个联合项目来推进，那么所有国家都将受益匪浅。这不仅仅是简单地将能源从一个地区运输到另一个地区，还涉及到能源密集型产业的安置问题。我们应该将产业安置在可再生能源生产成本很低的地区，例如南欧或北非。但这当然不能成为先等待其他国家的理由。我们要主动开始，全速推进德国的能源转型，并且放眼国际。

今天，我们已经拥有了必要的技术，价格也在承受范围内，特别是如果价格继续像以前一样发展，那么还会降低一些。在全球许多地方，风力发电站和光伏电站的电力价格现在甚至比燃煤发电还便宜。电力已经可以以低损耗传输数千千米，对储能设施和氢燃料的深入研究也在大力开展。

然而，在许多领域，国家之间还缺乏密切合作的政治条件，比如欧洲和北非之间。但就欧洲本身而言，欧盟的存在，已经让国际合作具备了必要的条件。中国和美国两个大国也将会是能源转型的先驱，因为两国国土面积大，有足够的空间可以给风能、太阳能、地热能和补充其他能源的生物质能。

作为民众的我们，也有责任推动我们国家的政治家行动起来，在国家战略之外寻求跨国合作的机会。另外，同样重要的是各国应该推动全球共享廉价能源。欧洲各国可以通过欧盟在这个方面发挥先锋作用——鉴于其对大气中二氧化碳浓度增加的历史贡献——它也有责任这样做。

# 我们扮演什么角色

不仅是政客，民众也应该为能源结构变革做出必要的贡献。我们必须接受扩建措施，为节能尽自己的一份力，最重要的是，为我们的后代承担集体责任。人类历史上发生过多次技术变革，但从未有过下一代消耗的能源比上一代少得多的情况出现，除非是在重大灾难之后。因此，我们面临着一个巨大的挑战。

我们经常听到有人说："德国的二氧化碳排放量仅为全球二氧化碳排放量的2%，那我们再努力又能改变什么呢？"说这话的人忽略了德国这么多年来，作为全球出口冠军所起到的实际作用，以及德国人口仅占世界人口的百分之一，却是世界第6大排放国的事实。此外，这一论点也同样适用于破坏所有公民的集体义务，例如纳税。

如果世界上最富有的国家不减少其二氧化碳排放量，那么较贫穷的国家为什么要这样做呢？如果富裕的高度工业化国家能发挥作用，这不仅能为各国树立榜样，而且还能提高在国际上的政治影响力。简而言之，我们应该在国家层面快速推进节能减排，与我们的欧洲伙伴保持密切联系，但如果有必要，我们不能等待他们，要主动出击。欧洲的"绿色协议"需要德国的大力支持。归根结底，没有什么比经济收益更有吸引力的了，而这很可能伴随着能源转型而实现。

想要让能源转型成功，第一步是所有利益相关者对能源主题有基本的认知，这将为繁荣的未来奠定基础。了解能量的作用以及我们的生活水平在多大程度上依赖于能量是很重要的。我们应该对这些数据有所了解：我们需要多少能量，这些能量将来从哪里来？大卫·金爵士是世界上最早让可再生能源被公众熟知的人，他预估了各种可再生能源的潜力，并且将每人每天使用的能量用几千瓦时来量化。这里引用一句他说过的话来激励大家：

> 我想为人类关于能源问题进行坦诚的、有建设性的对话贡献自己的力量。我们必须知道，在现代生活方式中，我们使用了多少能量，我们也必须决定，在未来我们要消耗多少能量，并选择这些能量的来源。

我们希望通过本书为可再生能源的话题做出贡献，也欢迎你加入我们的讨论！

# 致谢

这本书涉及到很多工作，比我们一开始想象的要多得多。但这是一件好事，没有这本书，我们根本不会启动这个项目。在此过程中，有很多人支持着我们，对此我们深表感谢。首先，我们要感谢我们的家人和朋友，感谢他们理解我们，因为这本书而减少了陪伴他们的时间。

我们要特别感谢慕尼黑应用技术大学设计学院。在这个项目中，我们清楚地了解了设计在传达复杂主题方面的能力。我们特别感谢本·桑托（Ben Santo）教授和卡特琳·拉维尔（Katrin Laville）教授的组织工作，马蒂亚斯·埃德勒－戈拉（Matthias Edler–Golla）教授对网站设计的支持，以及尼古拉斯·保考伊（Nicolas Pakai）对图形数字化的帮助。

此外，我们要感谢以下人员在该项目期间为我们提供了各种有益的反馈：克里斯托夫·皮斯特纳（Christoph Pistner）博士、费利克斯·普林茨·祖·洛文施泰因（Felix Prinz zu Löwenstein）博士、古德龙·梅布斯（Gudrun Mebs）、克里斯托夫·巴尔特（Christoph Barthe）、马库斯·勒格尔（Markus Röger）、埃娃－伊琳娜·冯·加姆（Eva–Irina von Gamm）教授、费利西塔斯·毛恩茨（Felicitas Maunz）教授、莱昂·埃尔曼（Leon Ehrmann）、塞尔玛·奥尔博特（Selma Olbort）和雷吉娜·利诺（Regina Lino）。

我们还要感谢本书的出版商和编辑：尤利娅·霍夫曼（Julia Hoffmann）、马库斯·多克霍恩（Markus Dockhorn）、卡琳·赫雷斯（Karin Herres）、安妮·图乔尔斯基（Anne Tucholski），以及布丽塔·埃格特迈尔（Britta Egetemeier）。

克里斯蒂安·霍勒（Christian Holler）是德国慕尼黑应用技术大学应用科学与机电一体化学院的工程数学教授。此前，他在剑桥大学获得了实验天体物理博士学位，后来在牛津大学进行了相关方向的研究。几年来，他深入研究可再生能源，并致力于相关的公开讨论。自 2021 年以来，他还担任教学创新教授，旨在进一步扩大跨学科对可再生能源的关注并创造新的教学机会。

约阿希姆·高克尔（Joachim Gaukel）是一位数学家，他在斯图加特和达姆施塔特工作。在保险行业工作几年后，他去了埃斯林根应用科技大学，担任数学教授十余年。除了讲授数学，他还讲授可再生能源相关课程，可持续的生活方式一直是他关心的问题。他家里的屋顶上有光伏设备和太阳热能设备，在生活中，他几乎总是乘坐公共交通工具或骑自行车上班。

克里斯蒂安·霍勒和约阿希姆·高克尔还合著了《可再生能源——没有热空气》一书，由 U.I.T 出版社于 2018 年出版。如果我们的上述内容引起了你对可再生能源的兴趣，并且你想更深入地研究相关内容，推荐你看这本书！

哈拉尔德·莱施（Harald Lesch）是慕尼黑大学的理论天体物理学教授，德国最著名的自然科学家之一。多年来，他一直在向公众传授令人兴奋的科学知识。他出版了多部专著，其中有著作专门探讨了未来的世界会变成怎么样，此外，还有许多其他的主题。除此之外，他还主持了德国电视二台的热门节目"莱施的宇宙"。

弗洛里安·莱施（Florian Lesch）是可再生能源和能源技术的工程师。他在硕士阶段研究的是废热的进一步利用。毕业后，他独立从事建筑能源咨询、光伏系统规划、租户用电等领域的工作。自 2021 年以来，他担任了慕尼黑一个城区的能源和气候保护官员。多年来，弗洛里安·莱施一直对气候保护和能源转型有着浓厚的兴趣，并积极参与其中。

**夏洛特·克尔申巴赫（Charlotte Kelschenbach）**在她的学士论文中研究了使科学关系在逻辑和情感上易于理解的图像机制。她对理论问题和形象设计之间的联系很感兴趣。她是一名自由插画师和传播设计师，拥有自己的出版作品，目前在生命关怀工作室和数字教育基金会工作。

**曼努埃尔·洛伦茨（Manuel Lorenz）**在他的学士论文中研究了哪种印刷方式可以用来连接不同人群的交流，从而以一种可以理解的方式呈现复杂的内容。他希望自己的设计不引人注目，起到支持插图的作用，同时强化了通俗专用书籍的特征。他是慕尼黑残障人士服务和支持基金会以及德国新闻学院的印刷和设计培训师和讲师。

**安娜·埃恩施佩格（Anna Ehrnsperger）**在她的学士论文中进行了数字语境下的设计，并探讨了如何跨媒体呈现非小说类书籍的核心内容，以便让人通过游戏的方式感受科学内容和科学联系（项目网站：www.dieee.de）。她是一名独立的 UX/UI 设计师，并且也是一个热情的网络开发人员。

**安娜·利诺·勒斯勒尔（Anna Lino Roeßle）**在慕尼黑应用技术大学设计学院学习传播设计。她不仅在项目实施过程中为团队提供了大力支持，而且在完成学士论文后，还为该项目贡献了自己的设计理念。她主要负责构思和设计书籍。在她的工作中，她集中处理设计和教学的主题。

**丹川（Xuyen Dam）**自 2010 年起担任慕尼黑应用技术大学设计学院的排版与传播设计教授。2011 年，他完成了排版研讨会 20PlusX。除了教学之外，他还与学生团队一起策划和设计了院系杂志 DOC. 和慕尼黑应用技术大学的杂志 mhm，并且在 2021 年完成了《慕尼黑应用技术大学 200 周年》一书的策划和设计工作。